海頓媽媽的烘焙實驗廚房

吃過都會敲碗想再吃的小點心 54 道

海頓媽媽 著

FOREWORD

我和海頓媽媽是在《媽媽好神》節目中認識的，
除了節目上的互動之外，和她有多次網路活動
的合作，甚至曾經帶著《愛＋好醫生》團隊到
她家訪問，漸漸的就成為了好朋友。每次見面
時，她總是帶著自己的手作點心，色香味俱全，
讓朋友們大享口福，然後抬頭看她纖瘦的身材，
真的有夠令人生氣。

她花心思製作的手工點心很可愛，光是看到萌
萌的外型，心情就被取悅了。我自己不會做點
心，但從她做的成品中，處處可以看出那種媽
媽為了取悅小孩的用心。她常常會製作兒童 size
的貝果、斑馬吐司等等，一看就知道是從孩子
的需求出發，考量到兒童的食量，花心思改良
成而成的迷你版。她的手作點心口味通常不會
太甜，希望孩子在吃點心也能兼顧健康，說老
實話，也很適合我們這種中年大叔。

記得海頓媽媽曾經在節目上說起育兒的經驗，

她讓孩子從跌倒練習中，學習失敗中越挫越勇的精神。我相信這也是她的人生哲學，這本書中的每一道美味甜點，肯定也是她經歷無數次失敗後，不斷調整出最後兼具外型和口味的完美作品。書中一共收錄五十幾道甜點，作法看起來都不困難，連我自己都想試做看看，按照著這本書的指引，各式各樣的小點心應該能天天出爐，和孩子們一起同樂！

—— 馬偕兒童醫院兒童感染科主治醫師　黃瑽寧

PREFACE

從小我就很喜歡烘焙料理，尤其烘焙的世界是那麼千變萬化，令人著迷！配方或作法有一點不同就會有不一樣的結果，對我這個愛做實驗的電機系女生來說，真的是絕配，因為有太多東西可以玩了。

一直覺得烘焙是很療癒人心的，不只製作過程療癒自己，在教學和分享的過程，幫助別人解決問題，讓更多人感受烘焙的魔力，甚或只是看看可愛特別的成品也很好，都是很讓人療癒的。

這本書集結了海頓和我自己很喜歡的甜點，以及海頓媽媽粉絲頁與網友互動大家喜歡的食譜與一些招牌獨創點心。我特別在很多道食譜加註了「變化款」，大家可以舉一反三，學會一種方法可以做出更多款點心。針對大家常問的問題，寫成海頓媽媽的小撇步，也完全不藏私跟大家分享。希望大家買了這本書很快就會做各種甜點。

因為平常很忙碌，做點心的步驟就會想簡化，用快速的方法，能少用一個工具就少一個，步驟盡量簡單。例如秤量食材我習慣在一個電子秤上，歸零再加下一個食材，也因此書上液體食材也用克為單位，省去很多事先全部秤量好

食材的準備工作，或是用現有半成品去做甜點，也是省時小妙招。

因為做給孩子家人吃，盡量鼓勵大家用健康的配方與食材。例如我的貝果配方就沒有使用油，很多食譜用水果取代糖的甜度，吃起來還是很好吃。過去我自己也花很多時間實驗、研發甜點。這次在這本書有一個特色是 3D 造型餅乾，這也是我花很多時間研究出來的。造型多變，材料簡單，在節慶時做好送人，收到的人一定捨不得吃！

我從小就在很多很多的愛裡長大，這給予了我很多創作的靈感。後來生了海頓，當媽媽了，忙碌的生活更激發很多想法，例如如何讓複雜的事情變簡單、懶人快速能完成看起來很厲害的點心，或是海頓媽媽的秘訣等等。這本書的誕生，我要特別謝謝我的爸媽、海頓爸、親愛的家人們和好朋友們。更要感謝一路上陪伴支持我，《海頓媽媽的實驗廚房》的粉絲們，你們真的都是我創作與分享的動力！

我會帶著很多的愛，繼續分享與眾不同的點心，發明一些新的創作。從 0 到 1 的過程常常很挫折，但有愛通通都 ok 了！

─────── 海頓媽媽

只是簡單的點心，也能讓海頓笑得東倒西歪！我也跟著笑倒啦~啊哈哈哈～～你們也會這樣嗎？本來有點累，轉頭一看到小孩的笑容就什麼都忘了，厭世感瞬間降為零！孩子的笑是最好良藥。

CONTENTS

chapter.4

週末慢慢做的麵包，
一個星期的美味早餐

chapter.5

用可愛小點心慶祝每一天

chapter.1

海頓媽媽愛用食材工具大公開

海頓媽媽愛用

食 材 篇

發酵奶油

書裡的奶油我使用的是無鹽發酵奶油。
發酵奶油在製作過程中有經過自然輕發
酵，我自己個人喜歡發酵奶油的味道，
你也可以使用自己喜歡的奶油喔！

糖粉

本書使用的糖粉是普通糖粉，不需要特
別使用純糖粉。

麵粉、糯米粉

不同品牌的麵粉、糯米粉，會有不同的
吸水性，所以參考食譜的份量，製作的
時候如果覺得太乾或太濕，可以稍作調
整喔！

食物粉

天然食材的顏色很多，雖然可能不像食
用色素顏色鮮豔，在烘焙過後也會比較
不顯色，但我還是建議多用天然食材，
善加利用可以有很多變化，還是可以做
出很多可愛的烘焙點心！

我常用的食物色粉

紅色：紅麴粉

粉紅色：覆盆子粉

橙色、黃色：南瓜粉

綠色：抹茶粉

藍色：藍梔子花粉

紫色：紫薯粉

咖啡色：可可粉

黑色：竹炭粉

香草莢、香草醬

香草莢的香味最棒，如果因為價格或是
無法購買，可以用香草醬取代。我比較
少使用香草精或香草粉，但如果香草莢
和香草醬都不容易取得，也是可以取
代。

海頓媽媽愛用
工 具 篇

烤箱

我常跟學生說,要和你的烤箱當好朋友,了解你家烤箱的「脾氣」很重要。因為就算是同個廠牌甚至同型號的烤箱,溫度也可能會有差異。如果你能發現你的烤箱溫度偏高或偏低,或是烤箱內某個區域溫度不均勻,那就可以隨時調整。在烤箱裡,食物的擺放距離還有製作的大小、厚度,也都會影響需要烤焙的溫度與時間。總而言之,食譜所列的溫度與時間都是參考值,還是要多認識你的烤箱,進而做出適當的調整。

電子秤

製作點心,建議電子秤還是必備的工具,按照食譜的份量準備食材,有些食譜差個幾克會有不同的結果喔!

烤模

吐司模、戚風蛋糕模等是烘焙的基本烤模。烤模可以使用很長一段的時間,建議買品質好一點的。

量杯、量匙

比較小克數的食材，我習慣用量匙不再另外用電子秤。玻璃量杯的好處是還可以當攪拌盆，而且有尖嘴可以直接倒出食材。

烘焙紙

烘焙紙也是烘焙的必備品。我常使用烘焙紙，使用可以重複使用的烤盤布也沒問題。

三明治袋

很多時候需要用到擠花袋，但擠花袋通常價格比較高，我自己喜歡使用三明治袋來代替。

粉篩

食譜裡的粉類建議都要先用粉篩篩過，避免結塊不好攪拌均勻，而影響烘焙成品。

手持打蛋器、攪拌刮刀

這兩項也是烘焙少不了的好幫手，有時候一些食譜不用特別出動電動攪拌機，用手持打蛋器就可以完成。攪拌刮刀我喜歡使用耐熱的矽膠材質，無論是煮食材或是攪拌食材需要使用攪拌刮刀，減少食材耗損。

耐熱矽膠模

耐熱矽膠模已經越來越普及,而且樣式非常多,不管是烤模或是巧克力模、翻糖模等。因為教學以及創作需要,我自己收藏了很多矽膠模。很多時候利用模型可以做出特殊造型,更棒的是節省很多時間,矽膠模型也很好脫模,一舉數得。

刷子

我有矽膠刷和毛刷兩種,通常需要沾油的食材我會使用矽膠刷,比較好清洗。需要刷除粉類的時候我會使用毛刷。

筆

製作可愛造型的點心,很多時候會使用這類的水彩筆或是毛筆,沾取食物粉調成的「顏料」。注意因為是畫在食物上,一定要保持清潔,另外畫食物的筆要和畫畫的筆分開使用喔!

小型瓦斯噴槍

這種噴槍在五金百貨都可以找得到,價格不會太貴,在製作烤布蕾的時候或是需要燒糖的時候都會派上用場,使用時要小心操作喔!

壓模

書裡有介紹我的招牌發明「花兒鳳梨酥（P.204）」，就是用這個月餅壓模來完成的，一物多用！

擠花嘴

擠花嘴百百種，建議入門款也是我最常用的，就是 SN7121（右）和 wilton 2D（左）。（SN 7121 可以擠出菊花造型，wilton 2D 則可以擠出玫瑰造型。）

攪拌機、食物調理機

攪拌機和食物調理機是我在烘焙的時候，兩大不可或缺的好幫手，節省非常多的時間和力氣。舉凡攪打麵糰、蛋白、奶油、麵糊、切碎等等費時費力的工作，交給機器真的會省很多時間，也輕鬆許多。

我和海頓的親子烘焙時光

最喜歡跟海頓一起渡過親子烘焙時光，
雖然可能搞得亂七八糟（例如「糖粉」
可能被他變成了「沙坑」來玩之類的），
事後還需要花時間好好收拾，但每次的
過程都是一個美好的回憶，有時候東西
好不好吃已經不重要了。

也因為有了海頓，在他每個成長的階段
我會研究不同的點心，就好像我自己又
重新成長了一遍。小時候喜歡吃的點
心，古早味的回憶，串接著現在孩子流
行的卡通人物。其實很多甜點創作的靈
感都是海頓提的，把喜歡的人事物通通
變成可愛的點心也是一件很有趣的事！
很多人常說我很有耐心，會花時間花心
思研究小孩愛吃的，其實，每個當媽媽
的心都是這樣吧！而且不管做得如何，
最重要的是那份愛，相信孩子都能感受
得到媽媽的用心。

chapter.2

1 小時完成的餅乾和各種點心

3D 造型餅乾

招財貓 / 達摩招財貓 / 可愛象 / 聖誕熊

餅乾能有這麼多可愛造型，真的是超棒的！多次實驗找出最完美
的配方，用天然食物色粉，做出超可愛 3D 造型餅乾。

● **材料** 無鹽發酵奶油……80g

糖粉……30g

低筋麵粉……80g

馬鈴薯粉……55g

各色天然食材色粉……適量

● **準備** 1. 將無鹽奶油回復室溫至
軟化狀態（手指稍微按
壓有凹陷即可）。

2. 烤箱預熱 140℃。

3D 造型餅乾「基本麵糰食譜作法」

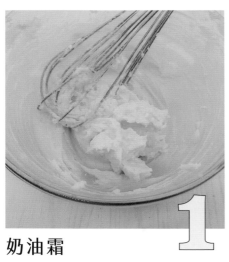

奶油霜

室溫奶油以打蛋器或攪拌器先稍微打發，加入過篩的糖粉，繼續打發至呈現泛白狀態的奶油霜。

混合麵糰

加入過篩的低筋麵粉以及馬鈴薯粉，混合攪拌至完全均勻的麵糰。

麵糰混色

顏色參考：紅色：紅麴粉，覆盆子粉。
黃色：南瓜粉。橘色：南瓜粉＋紅麴粉。
藍色：藍梔子粉。綠色：抹茶粉。紫色：
紫薯粉。咖啡色：可可粉。黑色：竹炭粉。

麵糰塑型

建議每個麵糰分成約 10 ～ 12g 左右進行塑型操作，塑型前都先揉圓。揉圓的時候請注意，一定要檢查揉到表面完美無痕跡。揉圓後即可開始整型。

製作 3D 造型餅乾的小細節

發現裂痕

1. 烤出來萬一發現有少許裂痕，馬上放置冷氣房或涼爽的地方，利用溫度差，熱脹冷縮原理，餅乾裂痕會縮合。

2. 烤的時候也要注意，萬一看到開始有裂痕就要拿出烤箱了哦！避免烤過頭了。

畫上五官

五官可以用黏上的方式，更建議用畫的（會更快速、細緻）。

餅乾冷卻後，可以用小楷毛筆或最細（0號）水彩筆，沾取竹炭粉＋少許水調成的黑色顏料。也可以用可可粉＋少許水調成咖啡色顏料等。

顏料比例沒有一定，像是水彩顏料可以畫即可。水份注意不要太稀，畫在餅乾上會糊掉。另一種方式是用融化的巧兀力畫五官。建議用牙籤沾取畫上，會比用擠的更細緻。

---

memo

① 麵糰混色時，份量沒有一定，調到喜歡的顏色即可。但請少量 1、2g 斟酌加入，粉類加入不宜過多影響麵糰特性。

② 麵糰混色時，搓揉的時候確定顏色均勻即可，不需要過度搓揉。

③ 塑型時，太大／太重的麵糰不容易定型完美，畢竟是奶油餅乾，所以不建議超過建議的重量做造型。

④ 畫食物所使用的水彩筆一點要乾淨，並且要和畫畫用的筆分開，勿交互使用。

招財貓

1

3D 造型餅乾基本麵糰分別揉成 8g 和 6g 的圓麵糰，8g 麵糰是頭，6g 麵糰是身體。再將兩個麵糰稍微壓扁。

2

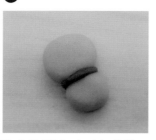

取少量麵糰，加入紅麴粉，揉成紅色麵糰。取少許搓揉成一小段長條，貼在兩個麵糰中間做出招財貓的項圈。

3

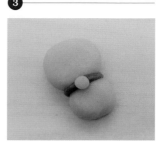

取少量麵糰加入南瓜粉揉成黃色麵糰，再揉成圓，貼在紅色領圈上做出鈴鐺。

4

取少量原味麵糰，捏出小三角形，貼在頭上做出耳朵。

5

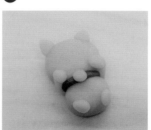

兩個長水滴形原味麵糰貼在臉旁，做出手，兩個小圓形做出腳。造型完成後，放在烤盤紙上，烤約 20 ～ 25 分鐘。（烘烤溫度時間請依照不同的烤箱自行調整。白色餅乾顏色偏白是正常，配方沒有蛋，所以不像正常餅乾會上色，不用過度烘烤。）

6

將少許竹炭粉加一點水，調勻成黑色顏料，以細水彩筆沾取，在烤好的餅乾上畫出招財貓的五官。

7

紅麴粉加一點水，調勻成紅色顏料，以細水彩筆沾取，在耳朵上畫出細節，鼻子也可以點成紅色增加喜氣。

8

取少許紅麴粉，用乾的水彩筆沾取，畫在招財貓臉頰上，當作腮紅即完成。

達摩招財貓

1

將 10g 的紅色麵糰揉圓,再揉成水滴狀,稍微壓扁。

2

取一小團原色麵糰,貼在紅色麵糰上做出招財貓的臉。

3

取兩小團原色麵糰,捏成三角形,貼在紅色麵糰兩旁做成露出來的耳朵。造型完成後,放在烤盤紙上,烤約20 ～ 25 分鐘。

4

用竹炭粉、紅麴粉調成的顏料,以細水彩筆沾取,畫出招財貓的臉部表情與細節。

可愛象

1

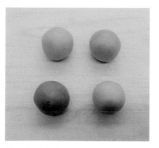

將原味麵糰分別加入少許紅麴粉、南瓜粉、抹茶粉、竹炭粉，揉勻成粉紅色、黃色、綠色與灰色的麵糰。

2

將 10g 的粉紅色麵糰揉成水滴型。

3

稍微壓平後，把細的那端往上彎曲，做出大象的鼻子。

4

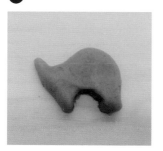

大象身體用粗吸管或擠花嘴挖出半圓，並捏塑兩旁，做出大象的腿。

5

取 1g 黃色麵糰揉圓後壓扁，貼在大象身體上，做出大象的耳朵。

6

取少許綠色麵糰，揉成幾個小圓，貼在耳朵上做出點點造型。

7

造型完成後，放在烤盤紙上，烤約 20 ～ 25 分鐘。（烘烤溫度時間請依照不同的烤箱自行調整。白色餅乾顏色偏白是正常，配方沒有蛋，所以不像正常餅乾會上色，不用過度烘烤。）

8

將少許竹炭粉加一點水調勻成黑色顏料，以細水彩筆沾取，在烤好的餅乾上畫出大象微笑的眼睛即完成。

聖誕熊

將原味麵糰加入少許可可粉，揉勻成咖啡色的麵糰，再取 10g 揉圓。

取少許原色麵糰，揉圓壓扁，貼在咖啡色麵糰上。

取少許咖啡色麵糰揉成兩個小圓，貼在熊的頭上做出兩個耳朵。

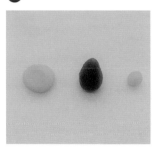 

取少許原色麵糰，揉成圓後壓扁，另外取紅色麵糰（將原色麵糰加少許紅麴粉揉勻），做出三角錐狀，再用原色麵糰揉出一個小圓，將三個配件組合起來，確認是否密合，就完成聖誕帽，貼在熊熊的頭上。

造型完成後，放在烤盤紙上，烘烤約 20 ～ 25 分鐘。（烘烤溫度時間請依照不同的烤箱自行調整。白色餅乾顏色偏白是正常，配方沒有蛋，所以不像正常餅乾會上色，不用過度烘烤。）

將少許竹炭粉加一點水調勻成黑色顏料，以細水彩筆沾取，在烤好的餅乾上畫出熊熊的五官表情即完成。

蘭姆葡萄乾燕麥餅乾

（約可做 12 ～ 15 片）

每次做這個餅乾送朋友，總是讓對方印象深刻！就這樣成為我的「冠軍餅乾」！這款餅乾成份單純，添加燕麥就是讓大家驚為天人的小秘密！更棒的是作法很簡單，備好料攪拌一下就能完成，也很適合親子一起烘焙，請大家一定要試試看。

● 材料　葡萄乾……60g

　　　　蘭姆酒……50g

　　　　無鹽奶油……100g

　　　　糖粉……40g

　　　　低筋麵粉……140g

　　　　即時燕麥片（薄片）50g

● 準備　1. 將奶油回復至室溫，手指稍微按壓有凹陷即可。

　　　　2. 葡萄乾先切碎，泡在蘭姆酒裡約 15 分鐘。

　　　　3. 烤箱預熱 170℃。

①

將室溫奶油和糖粉用手持攪拌器或攪拌機打發至泛白的狀態。

②

加入過篩的低筋麵粉、即食燕麥片和葡萄乾（可以把浸泡用的蘭姆酒也加入餅乾麵糰裡）。

③

用攪拌刮刀或手把全部的食材混合均勻成餅乾麵糰。

④

在鋪上烤盤紙的烤盤上，將餅乾麵糰平均分成小團放上。

⑤

把每個小麵糰壓平（大約3mm 的厚度，我喜歡薄一點的口感）。

⑥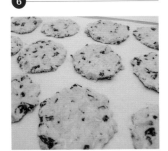

放入已預熱好的烤箱，烘烤約 15 ～ 18 分鐘即完成。

---

memo

① 這款餅乾要稍微顧爐，萬一烤過頭有點焦，味道就不對了。上色就可以拿出烤箱了，餅乾口感是微脆的哦！

② 餅乾放涼後，請密封保存。

③ 每台烤箱不同，請自行調整烘烤溫度與時間。

● **變化款** │ 也可以加入自己喜歡的果乾，如蔓越莓乾、草莓乾等。直接省略蘭姆酒也沒問題。

雪山餅乾

這是很有意境的餅乾，我自己很喜歡 。

不只因為餅乾本身很美又好吃，作法非常簡單也很方便喔！ 平常做好可以冷凍起來，要烤的時候再拿出來切一切，烤一烤，馬上就有一大盤香濃的餅乾了。

● **材料** 無鹽奶油……50g
糖粉……25g
低筋麵粉……100g
抹茶粉……1/2 大匙
可可粉……1/2 大匙
牛奶……1 又 1/2 大匙

● **準備** 1. 將奶油回復至室溫，手指稍微按壓有凹陷即可。
2. 烤箱預熱 150℃ 。

將回復至室溫的無鹽奶油加入糖粉，用手持攪拌器或攪拌機打發至泛白的狀態。

加入過篩的低筋麵粉，先用切拌的方式混合麵糰，再用手揉捏均勻成團，將麵糰分成三等份。

取其中一等份，加入抹茶粉和 1/2 大匙的牛奶，混合均勻成抹茶麵糰。

再取其中一等份，加入可可粉和 1/2 大匙的牛奶，混合均勻成巧克力麵糰。

剩下的原味麵糰加入 1/2 大匙的牛奶，一樣混合均勻成團。

將原味麵糰再分成兩等份，此時一共有四個麵糰。

整型：將抹茶麵糰揉成圓柱狀，再整成梯形的柱狀。

用筷子在頂端輕壓出兩條壓痕。

原味麵糰揉成長度一樣的麵糰，放置在抹茶麵糰上方。

10

用保鮮膜包覆，再度整型成梯形柱狀，到時候切開會是山的形狀，記得確認兩個顏色的麵糰是否密合。

11

將巧克力麵糰和原味麵糰以同樣的方式整好形狀。兩條餅乾麵糰都用保鮮膜包好後，放入冰箱冷凍半小時以上。（半小時後就可以拿出來切，或是冷凍保存，要吃的時候再拿出來切以及烘烤也可以。）

12

取出餅乾麵糰，切出厚度一樣的薄片餅乾（每片約0.5 m）。餅乾厚度如果差太多，會造成烘烤的時間不一，不好掌控。

13

將餅乾麵糰排在鋪有烘焙紙的烤盤上，放入已預熱好150℃的烤箱，烘烤15分鐘即完成。

---

memo

① 這餅乾非常好吃又方便，平常做好可以冷凍起來，要烤的時候再拿山來切一切、烤一烤，馬上就有一大盤香濃的餅乾啦！

② 烘烤溫度以及時間請根據自己使用的烤箱調整，以及餅乾切的厚度，視情況自己調整哦！

海苔薄餅

棉花糖 QQ 餅

海苔薄餅

（約 2 盤）

我發現很多小孩都很愛海苔！海頓也是，只要是有加海苔的食物，不管是飯糰、餅乾，都很快吃光光！這款餅乾作法很簡單，一下子就可以烤出一大盤，就算家裡臨時有客人來也不擔心！（只擔心一下子就會被搶光光！）

- **材料** 無鹽奶油……70g
  蛋白……2 顆
  糖粉……70g
  低筋麵粉……70g
  海苔粉……適量

- **準備** 烤箱預熱 180℃。

1

將無鹽奶油放入小鍋子裡，以小火煮至融化，再放涼備用。

2

取另一個攪拌盆，放入 2 個蛋白和糖粉，輕輕攪拌均勻，不需要打發。

3

加入已過篩的低筋麵粉，繼續攪拌均勻。分次加入融化的奶油，攪拌均勻。

4

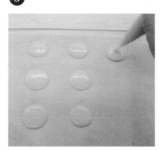

把餅乾麵糊裝入擠花袋或三明治袋，室溫靜置 15 分鐘。

5

將餅乾麵糊擠在舖有烤盤布或烤盤紙的烤盤上（餅乾中間請保持間距，擠完和烤的時候都還會再攤平一些）。

6

在餅乾中間撒上海苔粉。放入已預熱好的烤箱，烘烤約 10 分鐘。

---

memo

① 因為是有弧度而不是平整的餅乾，餅乾邊緣會比中間烤色深是正常的。餅乾口感冷卻之後是脆的喔！

② 記得餅乾做好之後，要密封保存以免受潮。

③ 烤箱溫度以及時間，請依照自己使用的烤箱視情況調整。

棉花糖 QQ 餅

家裡的長輩們都很喜歡這款餅乾，甜甜鹹鹹的，裡面有很多堅果與果乾，口感 QQ 的。很適合忙碌的時候做的小點心，重點是超快速就能完成！沏壺茶，和親人閒話家常，享受愜意的午後。

● **材料** 無鹽奶油……40g　　　　　　堅果與果乾（蔓越莓乾、
　　　　棉花糖（小顆）……150g　　　藍莓乾、南瓜子）共 75g
　　　　烘焙用奶粉……35g　　　　　　奇福餅乾……150g

❶

取一個不沾鍋，放入奶油以小火融化。再加入小顆的棉花糖。

❷

完全融化後倒入烘焙用奶粉，攪拌均勻後熄火。

❸

馬上倒入堅果與果乾，迅速攪拌均勻。

❹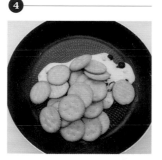

倒入奇福餅乾，先用鍋鏟稍微壓碎拌勻。

❺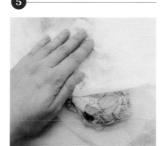

再倒出在烘焙紙上，隔著烘焙紙稍微壓緊實，整成平整的方形。也可以放在容器裡整形。

❻

放涼後切成方塊即完成。

---

memo

① 使用小顆的棉花糖融化比較快速均勻，後面的步驟會比較好操作。

② 強烈建議使用不沾鍋才會比較好操作。

③ 材料請全部先秤好備用，因為加入奶粉後就會開始變硬，動作要快。

● 變化款

Ⓐ 我還喜歡做海苔口味的棉花糖 QQ 餅。只要在融化棉花糖裡加入 1 大匙的海苔粉即可，其它步驟一樣。

Ⓑ 也可以選擇自己喜歡的果乾和堅果搭配製作。

懶人法烤杏仁薄餅

奶油擠花餅乾

懶人法烤杏仁薄餅

（約 1 盤）

這是我的招牌餅乾，很受親朋好友的愛戴，外婆尤其最愛吃我做的杏仁薄餅，有一年母親節我還特地烤了一個比臉還大、愛心形狀的杏仁薄餅孝敬老人家，她笑得開心極了！

杏仁薄餅作法其實不難，但很多人擔心的是要花很多時間，仔細地把杏仁片攤開成圓形餅乾。烤到中途拿出來切片是我的省時小撇步，這會比一片片圓形餅乾鋪來得快速許多。而且圓形杏仁薄餅烤的時候也比較佔空間，還要分多次多盤烤，也是費時的原因之一。快試試用懶人法烤杏仁薄餅，用比薩刀咻！咻！來回滾兩下，就能快速烤出好吃的餅乾！

● **材料** 無鹽奶油……30g
　　　　蛋白……2 顆
　　　　細砂糖……40g
　　　　鹽……1/2 小匙
　　　　低筋麵粉……40g
　　　　杏仁薄片……80g

● **準備** 1. 將奶油放入小鍋子裡，以小火煮至融化，放涼備用。
　　　　2. 烤箱預熱 170℃。

1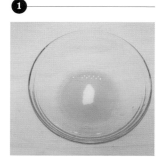

將蛋白、糖、鹽稍微攪拌到糖鹽溶解。

2

加入已過篩的低筋麵粉，攪拌均勻。

3

加入奶油繼續攪拌至均勻無粉粒的狀態。

4

輕輕拌入杏仁片，讓麵糊均勻沾裹上杏仁片。

5

倒在已舖有烤盤紙的烤盤上，把餅乾麵糊攤開，而且越薄越好（可以用刮刀板輔助）。記得要儘量舖均勻。

6

放入已預熱好的烤箱，先烤約 10 分鐘讓麵糊稍微定型後，取出烤盤，用比薩滾刀切成方塊（沒有比薩滾刀用普通刀子切斷也可以），再繼續烤 8 ～ 12 分鐘至上色即可。

---

memo

① 烤杏仁餅乾在進烤箱後請費心一點，要一直顧烤箱調整上色的狀況。烘烤的時間與溫度請依個人使用的烤箱狀況及餅乾厚薄度調整。

② 如果你的烤箱有溫度分配不均勻的問題，有些餅乾已經上色烤好了就可以先出爐，還沒好的繼續留在烤箱裡烤。

● 變化款 ┃ 聖誕節的時候，我會在杏仁薄餅裡放入南瓜子、蔓越莓乾。顏色紅紅綠綠的，很有聖誕節的歡樂氣氛喔！

奶油擠花餅乾

（約 1 盤）

經典不敗的奶油餅乾，酥鬆且入口即化。掌握幾個技巧，就能做出完美的餅乾！

● **材料** 無鹽奶油……250g
　　　　糖粉……125g
　　　　雞蛋……1 顆
　　　　低筋麵粉……350g

● **準備** 1. 將奶油回復至室溫，手指稍微按壓有凹陷即可。
　　　　2. 烤箱預熱 180℃。

❶

將室溫奶油和糖粉用手持攪拌器或攪拌機打發至泛白的狀態。

❷

將雞蛋打散，分次加入步驟 1 的奶油霜，攪拌均勻至蛋液完全吸收。

❸

加入過篩的低筋麵粉，用攪拌刮刀以切拌方式將麵粉與奶油霜混合。

❹

將餅乾麵糰放入裝有花嘴的擠花袋或三明治袋裡。

❺

擠出菊花餅乾：花嘴使用 SN7121，距離烤盤 1cm，擠出餅乾麵糰向上提起。

❻

擠出玫瑰餅乾：花嘴使用 Wilton 2D，定點旋轉 2 圈，收尾力道放輕提起。放入已預熱好的烤箱，烘烤 15 分鐘即完成。

---

memo

① 餅乾放涼後，密封保存。

② 每台烤箱不同，請自行調整烘烤溫度與時間。

③ 想要一個麵糰做給出不同樣式，可以將餅乾麵糰裝入擠花袋，再放入有花嘴的擠花袋，方便又簡單！

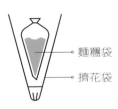

麵糰袋
擠花袋

● 變化款 | 聖誕節時，可以用 310g 的低筋麵粉加入 40g 的抹茶粉，取代原味的 350g 低筋麵粉，擠出花圈，用蔓越莓或是一些彩色米果，做出聖誕花圈餅乾！

完美擠花餅乾製作 Q&A

很多人對於餅乾紋路如何維持立體？是不是很不好擠？花嘴要用什麼？等問題好像都有些疑惑。這裡整理出一些需要特別注意的地方以及常見的問題。

奶油

我喜歡用發酵奶油。奶油要先放置在室溫軟化。用手指稍微壓一下奶油，有痕跡就可以，很多人問為什麼餅乾烤好花紋不成形？其中一個原因就是奶油太軟，但是如果奶油太硬，可能等一下會擠到手抽筋。

雞蛋

請用室溫雞蛋，冬天如果用冷藏蛋，會讓奶油和麵糰溫度再低一些導致更不好擠，常溫雞蛋也比較不會打到油水分離。

糖

請用糖粉，糖粉比較快和奶油混合打發，用砂糖口感也會用跟糖粉做出來的口感不一樣。

麵粉

我是用低筋麵粉，做出來的口感是偏入口即化，喜歡脆硬口感的餅感，可以用高筋麵粉取代食譜一半麵粉的份量。

1. 如何判斷奶油與糖粉打發的狀態？看顏色與體積，顏色會比奶油原本的顏色再白一些，體積也會變大變蓬鬆。

2. 加入蛋液這個步驟一定要確實，注意所有蛋液完全都被奶油霜吸收，建議分 2、3 次加入蛋液，將奶油霜繼續打發。如果沒有充分融合，有些軟有些硬，或是油水分離，烤的時候會一直冒油出來。

3. 加入過篩粉類：用攪拌刮刀確實攪拌均勻。

4. 花嘴請選用大一點的花嘴，小花嘴很難操作。常用的花嘴使用：菊花 SN7141 和玫瑰 Wilton 2D。

5. 擠法就是要多練習，每個儘量擠成一樣大小，烤的時候才不會因為同一盤大的還沒熟，小的已經焦掉的狀態。

製作擠花餅乾最追求的，
是烤完後奶油餅乾形狀立體。

擠花袋

1. 麵糊裝進擠花袋的時候，不要貪心裝太多會不好操作，比手掌多一些就可以了。

2. 很多朋友可能沒有注意到，在剪擠花袋的時候請記得只要是用到花嘴，擠花袋都要剪到讓花嘴齒完全露出來，不然擠出來的形狀會不一樣。

3. 如果產生很難擠出麵糊的狀態，請注意奶油是不是軟化不夠，太硬打發後仍會很難擠。

溫度

1. 烤箱要預熱到所需的溫度，因為我們要讓餅乾定型，如果溫度不夠烤出來形狀是塌的。還有烤箱的溫度和時間，因為每台烤箱不同，請隨時注意觀察，如果你的烤箱有溫度不均勻的狀況，已經烤好的餅乾請先取出。

2. 如何判斷餅乾熟了？可以摸一下如果太軟就是還沒好，或是掰開來看，中間如果麵糰還有點濕就是還沒熟，但請記得，餅乾拿出來因為溫度還有，還會繼續烤幾分鐘，也不要讓餅乾烤過頭了。

蝴蝶酥 / 福蝶酥

海頓有很多從小一起長大的好朋友,每次聚會我跟海頓總會做手作點心帶給好朋友分享。好吃又超簡單的蝴蝶酥,只要兩樣材料就可以完成了!每次做完帶去聚會總是瞬間搶光光,讓他走路有風!過年也很推薦大家做這款點心,諧音取做「福蝶酥」,無論長相或名字都討喜的伴手禮,一定也會跟海頓一樣風光!

● **材料** 市售冷凍法式酥皮(puff pastry)……1 張(大片)
細砂糖……適量

● **準備** 1. 將冷凍法式酥皮在室溫下稍微解凍至可以擀開的狀態即可。不要放置室溫太久,酥皮會變得很軟不好操作。

2. 烤箱預熱 200℃。

在酥皮上撒適量的細砂糖，鋪平。可以用手或用桿麵棍擀一下，讓砂糖稍微壓進酥皮。

 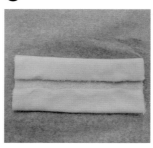

將酥皮對折一半至中心線，中心線保留一點空隙，等一下比較好折。

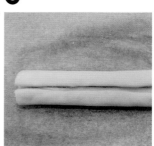

再對折一次。

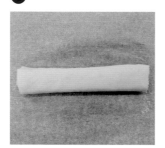

最後對折成長條。

每個切 1cm 左右，擺放在鋪有烤盤紙的烤盤上。記得保留夠大的間距，因為酥皮烤的時候會膨脹。

每個蝴蝶酥上面再撒少許細砂糖。放入已預熱的烤箱，烘烤 15 分鐘左右，翻面再烤至上色即可。（烘烤的時間長短請依撒的糖量多寡和烤箱溫度調整）。

● 變化款　蝴蝶酥可以倆倆用手稍微捏合，就會變成一隻隻飛舞的蝴蝶了！

懶人的肉桂蘋果派

（約4個）

想要吃蘋果派，懶得熬煮內餡，也懶得擀派皮，那就試試海頓媽媽的懶人作法！快速完成吸睛的肉桂蘋果派！

● 材料 市售冷凍法式酥皮（puff
pastry）……1 張（大片）
紅蘋果……1 顆
細砂糖……30g
肉桂粉……10g

● 準備 烤箱預熱 200℃。

1

將肉桂粉放入細砂糖中，混合均勻成肉桂糖備用。

2

將蘋果去核，切成薄片。

3

切好的蘋果片依照大小順序，擺在法式酥皮上成一個蘋果的形狀。

4

用水果刀的刀尖，割劃出蘋果的輪廓（距離蘋果片約 0.5cm）。並割劃蘋果梗和葉子。

5

在蘋果和酥皮上，撒上適量的肉桂糖。放入已預熱好的烤箱，烘烤 20 分鐘即完成。

High five 貓掌手指餅乾

High five！看到可愛貓咪幫你打氣加油，是不是很療癒？！利用市售的手指餅乾，很快速就可以做出超人氣小甜點喔！

● **材料** 市售手指餅乾……適量
苦甜巧克力……適量
草莓巧克力……適量
白巧克力……適量

1

將各色巧克力隔水加熱融化。

2

手指餅乾一端沾裹巧克力。

3

擺在烘焙紙上，待巧克力凝固。

4

將融化的巧克力裝在擠花袋裡面，
袋口剪一小平口，擠出愛心型的
貓掌，記得顏色要交叉變化喔！

5

四個貓爪也別忘記囉！

11

櫻吹雪優格

好像漫步在落纓繽紛的小徑，發揮你的美感，優格也可以吃得很藝
術喔！

● **材料** 自製優格或市售原味優格
⋯⋯適量

覆盆子粉⋯⋯ 適量

乾燥草莓粒⋯⋯適量

黑炭可可粉⋯⋯適量

將原味優格倒入容器裡。原味優格加入少許覆盆子粉混合均勻，用湯匙背面舀入一些在原味優格上，大約畫三角形當成櫻花樹的基礎形狀。

在三角形的覆盆子優格上，撒上一些乾燥草莓粒，做出櫻花的感覺。

用牙籤沾取混合黑炭可可粉的優格，在樹的下方畫出樹幹，櫻花中間畫出樹枝即完成。

夢幻星空奇亞籽麥片杯

（約 2 杯）

奇亞籽麥片是我們家常見的懶人早餐，前一天晚上把麥片泡在牛奶裡，加點奇亞籽，放入冰箱冷藏，隔天早餐就有得吃了。我常會加入各種水果、蜂蜜、優格做不同變化，重點是每次都只花幾分鐘就有好吃又健康的早餐。做了漸層顏色的麥片杯，好像夢幻的星空，超美！

● **材料** 即食燕麥片……3 大匙
牛奶……半碗（份量能蓋
過燕麥即可）
奇亞籽……1 大匙
原味優格……適量
草莓優格……適量
新鮮藍莓……適量

1

將即時燕麥片放入碗裡，倒入牛奶，加入奇亞籽，浸泡至少一個晚上，奇亞籽會吸附牛奶膨脹。

2

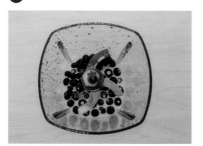

新鮮藍莓洗淨，加入原味優格攪打成紫藍色的優格。

3

將藍莓優格和少許燕麥片放在容器底部，裝入至 1/3 的高度。

4

繼續將原味優格裝入容器至 3/2 的高度，再舀入燕麥片和奇亞籽。

5

最上層舀入草莓優格即完成。

小王子的星空果凍

（約 2 人份）

做了個很童話風的果凍，給我的海頓小王子。

「對了，我要告訴你一個很簡單的秘密，就是用心才能看見真實。
真正重要的事，用眼睛是看不見的。」～小王子

● **材料** 吉利丁片……1 片（約
2.5g）

砂糖……15g

水……100g

蝶豆花……約 5 朵

檸檬汁……1 小匙（可省
略）

❶

將吉利丁片泡冰塊水軟化（只泡水
有可能吉利丁會融化，份量變少會
影響凝固）。

❷

將水、砂糖和蝶豆花放入鍋子裡，
用小火加熱至糖融化。將泡軟的吉
利丁片，擰乾水份，加入蝶豆花
茶裡攪拌均勻，即可取出蝶豆花。

❸

將蝶豆花果凍液倒入耐熱容器中，
加入檸檬汁（利用蝶豆花的花青
素酸鹼值變化，果凍液會呈現淡
紫色，很夢幻喔！），放入冰箱
冷藏至凝固約 2 ～ 4 小時。

❹

完全凝固之後 ，用刀子稍微切割
（不用很完整沒有關係，就像石
頭的形狀一樣）。

❺

再用星星糖片或糖粒裝飾果凍即
完成。

小海豹奶酪

熊熊鬆餅

小海豹奶酪

（約 6 小杯）

奶酪作法簡單，做好放冰箱，隨時想吃小點心就有。做成可愛的
小海豹，萌萌的捨不得吃啊！大人小孩都喜歡。

● **材料** 吉利丁片……3 片（約 8g）　　香草醬……1/2 小匙

　　　　砂糖……40g　　　　　　　　草莓果醬……少許

　　　　鮮奶……180g　　　　　　　　巧克力……少許

　　　　動物性鮮奶油……140g

1

將吉利丁片泡冰塊水軟化（只泡水吉利丁有可能會融化，份量變少會影響凝固）。

2

將鮮奶、動物性鮮奶油和砂糖放入鍋子裡，用小火加熱至砂糖融化，不用煮到滾，熄火。

3
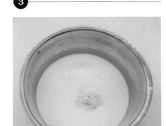
將泡軟的吉利丁片擰乾水份，加入鮮奶鍋裡融化，攪拌均勻，再加 1/2 小匙香草醬攪拌均勻。

4

將奶酪液倒入杯子模，如果有氣泡產生要撈掉，再以保鮮膜包住，放入冰箱冷藏至奶酪凝固約 2 ～ 4 小時。

5

完全凝固之後，用牙籤沾融化的巧克力，先畫出海豹的鼻子和眼睛，再畫出其它五官細節。

6
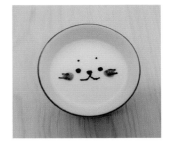
最後用草莓果醬畫出腮紅即完成。

● 變化款　這款奶酪也可以畫出其他可愛表情或其他小動物，可以讓小孩自由創作喔！

熊熊鬆餅

（約 2～3 片大鬆餅）

利用煎鬆餅的時間差，創造顏色的深淺，做出可愛的圖案。這個可愛的熊熊鬆餅，簡單就可以做出小孩最愛的造型。

● **材料** 市售鬆餅粉……1 包（約 200g）　　牛奶……170g

雞蛋……1 顆

1

將市售鬆餅粉依照包裝上標示的份量，加入雞蛋和牛奶攪拌均勻。

2

將鬆餅麵糊放入擠花袋或是三明治袋裡，袋口剪一小平口備用。

3

平底煎盤上開中小火，先擠出熊熊的輪廓與鼻子眼睛。

4

接著擠出一個領結，等待幾分鐘，觀察麵糊顏色變深。

5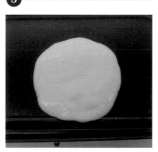

輕輕倒入適量麵糊覆蓋熊熊圖案。

6

麵糊表面出現很多氣泡即可翻面，完成。

---

memo

① 能煎鬆餅的鍋子都可以，電烤盤、平底鍋、不沾鍋等等。

② 使用市售鬆餅粉，調配比例請根據你購買的鬆餅粉包裝上建議的份量，因為每一個廠牌配方不太一樣。

永遠的靠山

<hr>

爸爸總是像座山一樣，默默看守著兒女吧！

我有個很勵志的老爸。當年去美國，我爸媽因為堅持「一家人不分開」的原則，毅然決然放棄台灣的工作，打算在美國重新找。但對中年轉職的爸爸來說，其實這是一件很困難的事情。過了一年多爸爸還是沒有找到工作，美國大學學費很貴，生活費也很高，沒有收入只有支出不免有點擔心。問爸爸，爸爸說別擔心！真的沒錢頂多他去超市當推車工作人員或是結帳員打工也可以，我聽到除了驚訝還是驚訝，爸爸以前在台灣可是個經理呢！

後來我爸做了一個決定，他要去上學！！他想要拿一個寫電腦程式的證照幫助他找工作。重點是，我爸完全沒做過任何寫程式相關的工作，但對 coding 很有興趣，所以一直自學，就這樣 我偶爾在校園遠遠看到一個背著書包、頂著一頭白髮的先生，我會跟我同學說：「那是我爸！」

程式證照課程好像是半年到 9 個月，我爸順利拿到證照後來果真也找到程式相關的工作，一切重頭開始，而且老爸的上司都是比他年輕很多的，但他很開心，做著喜歡的工作有小收入。

我非常驕傲有這樣的爸爸，爸爸讓我知道，只要對你喜愛的東西，有學習的動力，剩下的都不是問題了。當我徬徨或遇到人生大挫折的時候，他總是會說：「做讓你開心的事情，但要照顧好身體。真的很不開心就回家來吧！」

有這樣的爸爸真好！

chapter.3

1個下午搞定的各種蛋糕和點心

巴斯克燒焦乳酪蛋糕
P.099

一鍋到底的蜂蜜海綿蛋糕

（約 1 個 6 吋蛋糕）

無油的蛋糕吃起來很清爽，另外用蜂蜜取代一些糖份，淡淡的香甜，很受家人朋友的喜愛。

● **材料** 蛋白…… 3 顆

　　　　細砂糖……50g

　　　　蛋黃…… 3 顆

　　　　低筋麵粉……60g

　　　　全脂牛奶……30g

　　　　蜂蜜……20g

● **準備** 烤箱預熱 160℃。

1

將蛋白放入攪拌鋼盆裡，打發至呈現大粗泡的狀態，加入約 1/3 份量的砂糖。

2

繼續打發蛋白霜，等到泡沫變得比較細緻，再加入 1/3 份量的細砂糖。

3

繼續打發蛋白霜，加入最後 1/3 份量的細砂糖，打發至蛋白霜呈現小彎勾的狀態（濕性發泡）。

4

將攪拌機轉低速，分次加入蛋黃攪拌。

5

分兩次加入已過篩的低筋麵粉，用手持打蛋器輕輕翻拌均勻。

6

將全脂牛奶和蜂蜜倒入鍋中翻拌均勻，最後可以換攪拌刮刀確認麵糊呈現均勻的狀態。

7

將麵糊倒入 6 吋烤模，輕敲兩下，震出大氣泡。

8

用一根筷子在麵糊裡面劃幾下，確認沒有大氣泡。

9

放入已預熱好的烤箱，烤約 40 分鐘，出爐後倒扣放涼，完全放涼才能脫模。

memo

① 攪拌麵糊的部份，我會建議先用手持打蛋器。用攪拌刮刀會花比較多時間攪拌均勻，也可能消泡。但麵糊還是要確實攪拌均勻，否則烤出來會有分層的現象。

② 烘烤的溫度和時間請依照個人使用的烤箱功率自行調整，可以用竹籤插入蛋糕，沒有沾黏麵糊表示蛋糕烤熟即可出爐。

草莓杯子蛋糕

用「一鍋到底的蜂蜜海綿蛋糕」的食譜，烤出杯子蛋糕，再用覆盆子鮮奶油霜和草莓裝飾，少女心都大噴發了！

● **材料** A（杯子蛋糕用）

蛋白……3 顆

細砂糖……50g

蛋黃……3 顆

低筋麵粉……60g

全脂牛奶……30g

蜂蜜……20g

B（裝飾用）

動物性鮮奶油……100g

細砂糖……10g

覆盆子粉……少許

草莓……數顆

● **準備** 1. 將花嘴裝入擠花袋內。花嘴型號：SN7121（或 14 齒花嘴）。

2. 將草莓洗乾淨，用廚房紙巾擦乾備用。

3. 烤箱預熱 170℃。

1

蛋糕作法請參考「一鍋到底的蜂蜜海綿蛋糕」的食譜，將麵糊倒入杯子蛋糕紙模內約 8 分滿，可以輕震紙模讓大氣泡震出。

2

放入預熱好的烤箱裡，烤約 20 分鐘至蛋糕熟，出爐待涼。

3

將動物性鮮奶油、細砂糖、覆盆子粉一起放入攪拌鋼盆內，高速打發至有痕跡的狀態，可擠花即可。

4

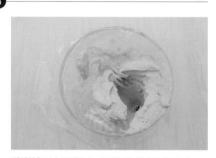

將鮮奶油霜裝入有花嘴的擠花袋內。

5

剪一平口讓擠花嘴完全露出來。

6

在已放涼的杯子蛋糕上，從中心點開始逆時針繞圈，擠出鮮奶油霜。

7

結尾力道放緩，輕提收尾。

8

上方放一顆草莓即完成。

---

memo

植物性鮮奶油多含有反式脂肪，雖然不易融化變形，價格較便宜，建議自己做自己吃還是使用動物性鮮奶油。其實如果鮮奶油打得好，加上有添加食物粉（例如這個食譜加了覆盆子粉），形狀會維持一段時間，我的經驗是不會很快就融化塌陷喔！

粉紅豹瑪德蓮

當初會有這個創作，是因為覺得可愛又好吃的小蛋糕，應該可以來點不一樣的變化。一開始是以添加不同食材，做出不同顏色的瑪德蓮，後來想做更特別圖案的瑪德蓮，於是實驗了不少作法，例如先烤好圖案、再覆蓋麵糊烤，結果原本的圖案烤過卻跟著融化了，根本看不出造型。後來才研究出用「冷凍」的方式，終於讓瑪德蓮有圖案了！而且變化很多，也受到大家歡迎。狂野的粉紅豹瑪德蓮，希望你們喜歡！

● **材料** 無鹽奶油……100g

雞蛋……2 顆

細砂糖……90g

蜂蜜……15g

低筋麵粉……100g

無鋁泡打粉……1 小匙

鹽……1/4 小匙

可可粉……少許

紅麴粉……少許

● **準備** 1. 將奶油放在小鍋子裡，以小火煮至融化呈現琥珀色，放涼備用。煮到琥珀色的奶油會讓馬德蓮有個特殊香味我很喜歡，建議要有點耐心煮。如果奶油煮好沒有稍微放涼馬上放入麵糊，高溫的奶油會提早在這時跟泡打粉作用，這個步驟很容易忽略，需要特別留意。

2. 烤箱預熱 160℃。

煮到琥珀色的奶油

1

在一個大碗裡放入全蛋、糖、蜂蜜、已過篩的低筋麵粉、無鋁泡打粉和鹽，攪拌均勻至無粉粒的麵糊狀態。

2

倒入剛剛煮好已稍微放涼的奶油攪拌均勻。

3

取 1 大匙原味麵糊，加入少許可可粉拌勻成咖啡色麵糊。再取 1 大匙原味麵糊，加入少許紅麴粉拌勻成粉紅色麵糊，分別裝入擠花袋或三明治袋。

4

將原味麵糊也裝入擠花袋或三明治袋，放置冰箱冷藏一天。

5

取出麵糊，稍微恢復室溫。準備烤模，如果使用的瑪德蓮烤模會沾黏，請記得抹油撒粉，盡量均勻且薄。因為油抹得太厚或粉撒得太厚，都會造成蛋糕表面不美觀，烤色也會不均勻。

6

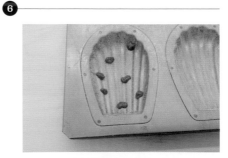

在中型瑪德蓮烤模上用紅粉色麵糊擠出圓形斑紋。

7

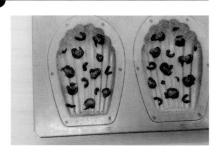

再用咖啡色麵糊擠出豹紋與細節，放入冰箱冷凍 5 分鐘至麵糊定型。

8

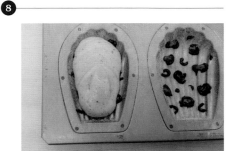

取出烤盤擠入原味麵糊約 8 分滿，再把瑪德蓮烤模放在一個烤盤上，放入已預熱好的烤箱，烤約 18 分鐘，出爐馬上脫模，待涼即完成。

memo

① 迷你馬德蓮烤模烤約 12 分鐘就差不多，中型瑪德蓮烤模烤約 18 分鐘。烘烤溫度時間請根據個人使用的烤箱調整。

② 因為是有圖案的瑪德蓮，請將烘烤溫度調低。如果是正常版沒圖案的瑪德蓮，用 190℃烤 12 ～ 15 分鐘（中型烤模）。

③ 如果馬德蓮沒有烤出肚臍，可能有幾個原因：
   • 擠入的麵糊份量太少。
   • 泡打粉過期或是泡打粉提早跟溫度過高的奶油起作用了。泡打粉的份量如果沒有按照食譜放也會影響。
   • 如果麵糊很冰的狀態下馬上烤，通常烤起來表面會比較多氣孔。但也不要放置室溫太久或是特別加熱麵糊，這樣烤出來也會不美觀。

可愛鬼瑪德蓮

萬聖節就是可愛鬼飄出來的時候啦，這樣的萬聖節點心，不可怕！

● **材料 A**

　　無鹽奶油⋯⋯100g

　　雞蛋⋯⋯2 顆

　　細砂糖⋯⋯90g

　　蜂蜜⋯⋯15g

　　低筋麵粉⋯⋯100g

　　無鋁泡打粉⋯⋯1 小匙

　　鹽⋯⋯1/4 小匙

　　竹炭粉⋯⋯少許

　　B（裝飾用）
　　黑巧克力⋯⋯適量

要有點耐心煮喔！

● **準備** 1. 將奶油放在小鍋子裡，以小火煮至融化呈現琥珀色，放涼備用。煮到琥珀色的奶油會讓瑪德蓮有個特殊香味我很喜歡，建議要有點耐心煮。如果奶油煮好沒有稍微放涼馬上放入麵糊，高溫的奶油會提早在這時跟泡打粉作用，這個步驟很容易忽略，需要特別留意。

2. 烤箱預熱 160℃。

1

在大碗裡放入全蛋、糖、蜂蜜、已過篩的低筋麵粉、無鋁泡打粉和鹽。

2

攪拌均勻至無粉粒的麵糊狀態。

3

倒入剛剛煮好已稍微放涼的奶油攪拌均勻。

4

取出 2 大匙原味麵糊先裝入擠花袋。剩下的麵糊加入 1 茶匙竹炭粉為黑色麵糊，裝入擠花袋或三明治袋。放置冰箱冷藏一天。

5

烘烤前取出麵糊，稍微恢復室溫。準備烤模，如果使用的烤模會沾黏，請記得抹油撒粉，盡量均勻且薄。因為油抹得太厚或粉撒得太厚，都會造成蛋糕表面不美觀，烤色也會不均勻。

6

在迷你瑪德蓮烤模上用原味麵糊擠出可愛鬼圖案，放入冰箱冷凍 5 分鐘至麵糊定型。

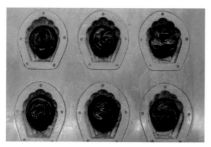

取出烤盤擠入黑色麵糊約 8 分滿，把瑪德蓮烤模放在一個烤盤上，再放入已預熱好的烤箱，烤約 12 分鐘，出爐馬上脫模待涼。

以牙籤沾取融化的巧克力，畫上可愛鬼的五官即完成。

memo

① 迷你馬德蓮烤模烤約 12 分鐘就差不多，中型瑪德蓮烤模烤約 18 分鐘。烘烤溫度時間請根據個人使用的烤箱調整。

② 因為是有圖案的瑪德蓮，請將烘烤溫度調低。如果是正常版沒圖案的瑪德蓮，用 190℃烤 12 ～ 15 分鐘（中型烤模）。

③ 如果馬德蓮沒有烤出肚臍，可能有幾個原因：
- 擠入的麵糊份量太少。
- 泡打粉過期或是泡打粉提早跟溫度過高的奶油起作用了。泡打粉的份量如果沒有按照食譜放也會影響。
- 如果麵糊很冰的狀態下馬上烤，通常烤起來表面會比較多氣孔。但也不要放置室溫太久或是特別加熱麵糊，這樣烤出來也會不美觀。

熊熊生乳酪塔

（約 6 個）

媽媽最沒有的就是時間了！善用食物處理機或果汁機當小幫手，搭配市售的冷凍蛋塔皮，不用花很多時間，輕鬆就可以做出超可愛又好吃的生乳酪塔喔！

● **材料** 奶油乳酪……80g
糖粉……15g
優格……100g
鮮奶油……30g
吉利丁片……3g
市售的冷凍蛋塔皮 (一個
直徑約 6cm)……6 個
可可粉……少許
竹炭粉……少許

● **準備** 1 將奶油乳酪切成小塊，放置室溫退冰至常溫軟化狀態。

2. 烤箱預熱 180℃，蛋塔皮不需要退冰直接放入預熱好的烤箱，烘烤約 10 分鐘備用。

不用退冰直接烘烤

1

將室溫奶油乳酪、糖粉、優格和鮮奶油放入食物處理機，攪打至滑順無顆粒的狀態。

2

吉利丁片泡在飲用水裡（夏天或天氣比較熱時，可以放幾顆冰塊，才不會導致吉利丁片溶化在水裡）。

3

吉利丁片泡軟之後，把水分擰乾。將吉利丁片放在小碗裡，隔水加熱至融化。加入步驟 1 的奶油乳酪糊裡，繼續攪打均勻至沒有顆粒的狀態。

4

將一半的奶油乳酪糊加入 1 小匙的可可粉，攪拌成咖啡色的奶油乳酪糊。

5

分別把白色和咖啡色的奶油乳酪糊，用湯匙舀入烤好的蛋塔皮裡。

6

剩下的白色奶油乳酪糊舀 1 茶匙出來，加入少許竹炭粉調成黑色的奶油乳酪糊。裝入三明治袋裡。

分別把 1 大匙的白色與咖啡色奶油乳酪糊，裝入三明治袋裡。

三明治袋剪一小平口，在咖啡色熊熊的臉上擠出白色的熊熊五官如圖示。

黑色奶油乳酪糊擠出眼睛和鼻子。耳朵也被別忘了喔！

白色熊熊也依序完成。等待凝固就完成囉！冷藏凝固記得要放入保鮮盒裡避免乾裂。

---

memo

吉利丁遇冷會很快凝固，各食材的溫度儘量不要差太多，否則會造成奶油乳酪糊不滑順影響口感。也可以先把擰乾的吉利丁與鮮奶油先行混合隔水加熱融化，再加入其它食材中。

普羅旺斯鹹蛋糕

巴斯克燒焦乳酪蛋糕

普羅旺斯鹹蛋糕

（約 1 個迷你吐司模 吐司模 16×8×5cm）

小孩不喜歡吃蔬菜怎麼辦？那就把討厭的蔬菜通通藏進蛋糕裡吧！用類似法式鹹派的作法，簡單做出普羅旺斯風格的鹹蛋糕！Bon appetit！

● **材料** 雞蛋……1 顆

牛奶……35g

耐高溫的橄欖油或植物油

……20g

鹽……少許

胡椒……少許

低筋麵粉……75g

無鋁泡打粉……3g

紅黃甜椒、紫洋蔥、花椰

菜、小番茄……適量

● **準備** 1. 將蔬菜切成小塊，乾鍋

稍微翻炒出水分。

2. 烤箱預熱 180℃。

1

將雞蛋、牛奶、橄欖油、鹽、胡椒和低筋麵粉放入碗裡。

2

仔細攪拌均勻成無粉粒的麵糊。

3

在迷你吐司模裡，倒入少許麵糊，鋪上一些蔬菜。

4

重複步驟 3 約 2、3 次，在最頂層也鋪上少許蔬菜裝飾。放入已預熱好的烤箱，烘烤 25 分鐘即完成。

memo

① 蔬菜儘量切小塊一些，並炒乾水份，比較大塊的蔬菜可以放在底部。

② 因為這個鹹蛋糕沒有放糖，不會像平常甜蛋糕一樣表面上色，請注意不要烤過頭了。

③ 每台烤箱不同 ，請自行調整烘烤溫度與時間。

巴斯克燒焦乳酪蛋糕

（約 1 個 6 吋蛋糕）

這個乳酪蛋糕不要看他長得醜，卻是人氣王！和平常吃的起司蛋糕不同，只有單純的乳酪和奶香，我特別喜歡這種樸實的蛋糕。

● **材料** 奶油乳酪……250g

　　　糖粉…… 60g

　　　雞蛋……2 顆

　　　動物性鮮奶油……120g

　　　低筋麵粉……10g

● **準備** 1. 將奶油乳酪切成小塊狀，放置室溫退冰至常溫軟化的狀態。

　　　2. 烤箱預熱 200℃。

將室溫奶油乳酪和糖粉攪拌至滑順無顆粒的狀態。一次加入一顆蛋，繼續攪拌至蛋液完全吸收。

加入動物性鮮奶油攪拌均勻。

加入過篩的低筋麵粉混合攪拌均勻。

取一張比烤模大的烘焙紙，將烘焙紙揉成團狀，攤開鋪在蛋糕烤模裡。

倒入乳酪蛋糕糊，放入預熱好的烤箱烤 35 分鐘。

出爐後，蛋糕室溫放涼後，再包上保鮮膜，放入冰箱冷藏過夜再食用。

---

memo

① 烤出來的蛋糕會在放涼的過程中慢慢往內凹是正常的狀態。

② 記得冷藏後再享用，風味更佳。

③ 每台烤箱不同，請自行調整烘烤溫度與時間。

玫瑰花園杯子蛋糕

（可做一盤共 8 個小杯子蛋糕）

鬆餅粉除了做鬆餅之外，也可以做杯子蛋糕喔！利用電烤盤快速做出杯子蛋糕，再加上裝飾，繽紛的玫瑰花園就誕生了。酸酸甜甜的覆盆子鮮奶油搭配杯子蛋糕好好吃！

● **材料 A**（杯子蛋糕麵糊用）

　　雞蛋⋯⋯1 顆

　　砂糖⋯⋯30g

　　牛奶⋯⋯1 大匙

　　市售鬆餅粉⋯⋯75g

　　奶油⋯⋯40g

　B（裝飾用）

　　動物性鮮奶油⋯⋯150g

　　砂糖⋯⋯15g

　　覆盆子粉⋯⋯少許

　　抹茶粉⋯⋯少許

● **準備** 將奶油放入小鍋子裡以小火加熱融化，放涼備用。

1

將蛋、砂糖、牛奶攪拌均勻。

2

倒入鬆餅粉攪拌均勻，再加入融化的奶油，攪拌均勻至無粉粒。

3

將杯子蛋糕麵糊平均倒入杯子蛋糕烤盤裡，放在電烤盤上蓋上鍋蓋。

4

以小火烤約 5 分鐘，再調至保溫約 2 分鐘。（烤好後可用牙籤戳一下蛋糕中間試試，沒有沾麵糊就是熟了）。烤好後放涼。

5

動物性鮮奶油和砂糖用電動打蛋器或攪拌器打發至有紋路的狀態。

6

先挖出約 3 大匙打好的鮮奶油，加入少許抹茶粉攪拌均勻成綠色鮮奶油。裝入三明治袋，袋口剪成 v 字型，可先放入冰箱冷藏備用，以免鮮奶油融化。

7

剩下打好的鮮奶油加入覆盆子粉，攪拌均勻成粉紅色鮮奶油。（我分成兩份，一份加入的覆盆子粉比較多，可以做出深淺兩色不同的玫瑰花）。裝入有花嘴 wilton 2D 的三明治袋，袋口剪一平口讓花嘴完全露出來。

8

在已放涼的杯子蛋糕上，用粉紅色覆盆子鮮奶油以逆時針旋轉 2~3 圈擠出玫瑰花。

9

可以交錯用深淺不同色的覆盆子鮮奶油依序擠出玫瑰花鮮奶油。

10

用綠色的抹茶鮮奶油擠出葉子，玫瑰園盛開玫瑰花的杯子蛋糕完成！

---

memo

① 植物性鮮奶油多含有反式脂肪，雖然不易融化變形，價格較便宜，建議自己做自己吃還是使用動物性鮮奶油。其實如果鮮奶油打得好，加上有加入食物粉（例如這個食譜加了覆盆子粉），形狀會維持一段時間，我的經驗是不會很快就融化塌陷喔！

② 杯子蛋糕要放涼才能裝飾喔！以免動物性鮮奶油很快融化了。

不一樣的加油早餐

是的，海頓昨天又仆街了，還好這次不用送急診縫。但媽媽我衝到學校看到海頓一跛一跛走出教室，兩個膝蓋、手肘、下巴都擦傷了，還是好心疼呀！

前陣子才在節目上分享過海頓從小就常跌倒的事。每次跌倒都很嚴重，不是嘴唇破大洞就是縫下巴，摔得鼻青臉腫。後來我想，既然無法避免跌倒，也不能老是在後面大喊「不要跑！」，那就來面對它吧！於是我跟海頓開始常常在家「練習」跌倒，像玩遊戲一樣，舖個墊子反覆練習跌倒。仆街的時候趕快用雙手撐著，頭要抬起來同時避免腦震盪（畢竟靠臉吃飯的呀！哈！）所以昨天當他淚眼汪汪但又很驕傲地跟我說：「馬麻～我剛剛有這樣兩手伸出來，所以沒有很嚴重哦！」天呀～我也快驕傲到想哭了。

其實，我更想傳達給他的是 fail better 的人生態度，失敗沒關係呀，我們試試讓每一次失敗得更好。

小一開學沒幾天的不適應已經很讓人心煩，媽媽我其實也不知道有什麼方法可以幫忙他，今晚小失眠就早起做了加油早餐。這好像是我唯一能做的了。

希望今天可以擦乾眼淚再挑戰新的一天，加油，海頓！媽媽會陪你。

Try again，fail again. Fail better.

瑪德蓮變化款 P.086

chapter.4

週末慢慢做的麵包，一個星期的美味早餐

平底鍋烤紅豆麵包
P.148

333 吐司

（約 1 條 12 兩吐司）

「海頓媽媽好記的 333 麵包食譜」一直是我非常受歡迎的食譜之一，食材列表裡，除了水份以外都是「3」，主要是非常好記，又很萬用，拿來做吐司也超棒！

● **材料** A（吐司用）

高筋麵粉……300g

細砂糖……30g

鹽……3g

速發酵母粉……3g

牛奶……200g

奶油……30g

B（塗抹麵包用）

| 全蛋液…… 適量

❶

將全部材料除了奶油放入
攪拌機或麵包機。

❷

攪拌至出筋。

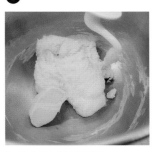

❸

加入奶油繼續攪拌。

❹

攪拌至麵糰產生薄膜。

❺

將麵糰放入大碗內,用保
鮮膜包好。

基礎發酵至麵糰2倍大(如
果有發酵箱,設定 30℃,
發酵 50 分鐘。)冬天溫度
比較低,可以放在烤箱,
烤箱不設定溫度,烤箱裡
面放一鍋熱水製造溫度高
於室溫的環境,會發酵得
比較快。

❻

將麵糰稍微排氣。

❼

再將麵糰分成 3 等份,滾
圓鬆弛約 10 分鐘。

❽

將麵糰擀成長條狀。

9

從短邊捲起。

10

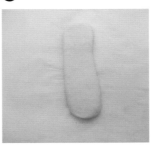

再擀開。

11

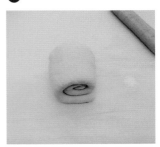

從短邊捲起。

12

將麵糰擺在吐司模的中間。

13

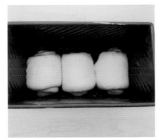

其它兩個麵糰依序做兩次擀捲，再放入吐司模。

14

在吐司模蓋上保鮮膜進行二次發酵，讓麵糰發酵至吐司模約 8、9 分滿的高度。可以將吐司模放在發酵箱或溫暖的地方，縮短發酵時間。

15

發酵完成，進烤箱前，用刷子將全蛋液輕輕均勻塗在吐司表面。放入預熱 180℃ 的烤箱，烘烤 30 分鐘。烤完出爐即可將吐司從烤模取出，放在烤架上放涼。

memo

記得麵糰的牛奶份量要視高筋麵粉廠牌不同，觀察麵糰的狀態稍作調整喔！

小斑馬吐司

當時為了做這樣的吐司，曾經有三天幾乎沒睡覺，想麵糰怎麼擺，顏色如何調整，份量如何抓，切開的時候會呈現美美的圖案。實驗再實驗，試做再試做。

於是，第一個「粉紅豹吐司」誕生了，我很興奮的將食譜作法分享到自己的部落格以及烘焙社團裡，很快地造成流行。後來又發明了斑馬吐司，覺得也好可愛，陸續又做了彩虹吐司等驚喜吐司系列。

從 0 到 1 的路最難走，遠超過從 1 到 2 的路，但我堅持走沒有人走過的路，獲得的成就感也不是言語能形容的。烘焙能療癒，能傳遞愛。Enjoy baking!

● **材料 A**（吐司用）　　　　　　**B**（塗抹麵包用）

| 高筋麵粉……150g | 全蛋液…… 適量 |

高筋麵粉……150g

細砂糖……15g

鹽……1.5g

速發酵母粉……1.5g

牛奶……100g

奶油……15g

竹炭粉……1 ～ 2 小匙

將全部材料除了奶油放入攪拌機或麵包機。

攪拌至出筋。

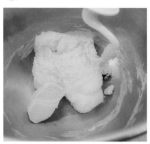

加入奶油繼續攪拌。

攪拌至麵糰產生薄膜。

將麵糰放入大碗內,用保鮮膜包好。

基礎發酵至麵糰2倍大(如果有發酵箱,設定30℃,發酵50分鐘。)冬天溫度比較低,可以放在烤箱,烤箱不設定溫度,烤箱裡面放一鍋熱水製造溫度高於室溫的環境,會發酵得比較快。

將麵糰稍微排氣。

再將麵糰分成2等份。

另一份麵糰加入竹炭粉,揉成均勻的黑色麵糰。竹炭粉的份量可以依照個人喜好的程度斟酌。

9

將黑色麵糰擀長。

10

再將原色麵糰擀長後，疊在黑色麵糰上。

11

從中間切半。

12

將兩份麵糰重疊，再從中間切開，再疊起。

13

此時可以看出黑白相間的麵糰。

14

取適量麵糰，放入小吐司模裡，記得黑白條紋要直立，到時候切出來的紋路才會像斑馬。

15

進行二次發酵至高度和吐司模等高，放入已預熱180℃的烤箱烘烤15分鐘左右，即可取出放涼。

memo

記得麵糰的牛奶份量要視高筋麵粉廠牌不同，觀察麵糰的狀態稍作調整喔！

聖誕花圈吐司

海的秘密吐司

聖誕花圈吐司

（約 1 人份）

很多朋友覺得擠花很難很複雜，擠花蛋糕又不常製作，其實擠花可以很簡單，可以落實在大大小小的甜點裡，而且可以不需要特別的花嘴工具。很有聖誕氣氛的吐司，我自己超喜歡！

● 材料 奶油乳酪……適量
　　　 抹茶粉……少許
　　　 冷凍草莓乾……1 顆
　　　 日本彩色米果……適量

● 準備 將奶油乳酪放置室溫至軟
　　　 化的狀態。

1

將奶油乳酪與少許抹茶粉攪拌均勻。
抹茶粉的份量根據個人喜好決定，調
成像葉子一樣的綠色即可。

2

將抹茶奶油乳酪醬放入三明治袋裡，
袋口剪出一個「V」字型。

3

用塔圈（或用一個杯子）先在吐司上
輕壓一下，讓吐司產生一個圓圈的痕
跡。

4

依照圓圈痕跡擠出葉子，尾端輕輕拉
提，交叉互錯，一片片擠出葉子。

5

完成一圈花圈，檢查一下有沒有比較
空洞的地方，再補上一些葉子。

6

將冷凍草莓乾剖半，擺在花圈頂端當
作蝴蝶結，最後用彩色米果裝飾花圈
即完成。

海的秘密吐司

（約 1 人份）

把吐司當作畫布畫畫吧！食物也可以很藝術，你有看到美人魚嗎？

● **材料** 奶油乳酪……適量
　　　藍梔子花粉……少許
　　　白巧克力……適量
　　　覆盆子粉……少許
　　　食用金箔……少許

● **準備** 將奶油乳酪放置室溫至軟
　　　化的狀態。

1

將奶油乳酪和少許藍梔子花粉攪拌混合，不需要混合得很均勻，讓奶油乳酪有藍白色混色的感覺。

2

用奶油刀取少許奶油乳酪，從吐司的左上角抹在吐司上，重複這個步驟，陸續把奶油乳酪抹在吐司上，整片吐司抹上奶油乳酪，做出海浪的感覺。

3

將白巧克力隔水加熱融化，加入少許覆盆子粉攪拌混合，不需要混合得很均勻。倒入美人魚尾巴的矽膠模型裡，放入冰箱冷藏 20 分鐘。

4

等巧克力凝固定型後，就可以從矽膠模型取出。

5

將融化的白巧克力舀入貝殼的矽膠模型裡，放入冰箱冷藏 15 分鐘，等凝固定型後，就可以從矽膠模型取出。

6

食用金箔擺在奶油乳酪海浪上，美人魚巧克力尾巴也可以擺上食用金箔，就像陽光照在海浪上的波光粼粼。

小熊漢堡

（約 12 個）

有夠可愛的小熊漢堡，很討人喜歡。辦 party 或野餐都很適合，小小一個剛剛好。我常把孩子不喜歡的食材或蔬菜，趁機夾入小熊漢堡裡！

● **材料 A**（漢堡用）

高筋麵粉……150g

細砂糖……15g

鹽……1.5g

速發酵母粉……1.5g

牛奶……100g

奶油……15g

B（裝飾用）

竹炭粉……少許

水……少許

將材料 A 除了奶油全部放入攪拌機或麵包機。

攪拌至出筋。

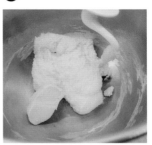

加入奶油繼續攪拌。

攪拌至麵糰產生薄膜。

將麵糰放入大碗內，用保鮮膜包好。

基礎發酵至麵糰 2 倍大（如果有發酵箱，設定 30℃，發酵 50 分鐘。）冬天溫度比較低，可以放在烤箱，烤箱不設定溫度，烤箱裡面放一鍋熱水製造溫度高於室溫的環境，會發酵得比較快。

將麵糰稍微排氣（如圖示）。再將麵糰分割成一個 25g 的小麵糰，整圓並鬆弛 15 分鐘。

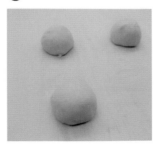

把麵糰再度整圓，讓麵糰的光滑面朝外。

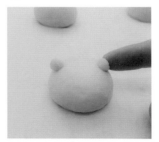

再取約 1g 麵糰分成兩份，揉圓放在熊熊頭上當作耳朵。（麵糰已有水份，不需要另外用水沾黏耳朵）

9

依序完成小熊漢堡麵糰
後，排在鋪上烘焙紙的烤
盤裡，進行第二次發酵至
麵糰再度發酵成 1.5 倍至 2
倍大。（如果有發酵箱，
設定 40℃，發酵 30 分鐘）。

10

二次發酵完成後，放入已
預熱好 160℃的烤箱裡烘烤
15 分鐘。出爐放涼後，混
合少許竹炭粉和幾滴水當
作顏料，用乾淨的毛筆或
水彩筆沾取，畫出小熊的
五官。（記得畫食物用的
筆要和畫畫的筆分開哦）。

11

將小熊麵包用麵包刀剖
半。

12

疊上起司片（市售的起司
片分割成 4 等份）、番茄、
小黃瓜，再把小熊漢堡麵
包擺上即完成！

memo

記得麵糰的牛奶份量要視高筋麵粉廠牌不同，觀察麵糰的狀態稍作調整喔！

黑糖肉桂麵包捲

做麵包已經是生活的一部份，就像「家常菜」一樣，很隨性，很舒壓。悠閒的午後，邊聽著音樂邊揉著麵糰，空氣中散發著黑糖和肉桂的香味，看著孩子開心享用直說好吃，是最幸福的時刻了！

● **材料 A**（海頓媽媽的 333 萬用麵包）

　　高筋麵粉⋯⋯300g

　　細砂糖⋯⋯30g

　　鹽⋯⋯3g

　　速發酵母粉⋯⋯3g

　　牛奶⋯⋯200g

　　奶油⋯⋯30g

　B（肉桂黑糖用）

　　肉桂粉⋯⋯30g

　　黑糖⋯⋯100g

　C（塗抹麵包用）

　　全蛋液⋯⋯適量

● **準備** 將肉桂粉和黑糖放入碗裡攪拌混合均勻，做成肉桂黑糖備用（可以根據個人喜好增減肉桂粉）。

將材料 A 除了奶油全部放入攪拌機或麵包機。

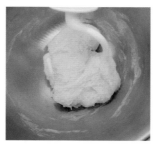

攪拌至出筋。

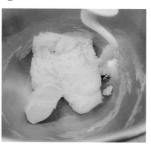

加入奶油繼續攪拌。

攪拌至麵糰產生薄膜。

將麵糰放入大碗內,用保鮮膜包好。

基礎發酵至麵糰 2 倍大(如果有發酵箱,設定 30℃,發酵 50 分鐘。)冬天溫度比較低,可以放在烤箱,烤箱不設定溫度,烤箱裡面放一鍋熱水製造溫度高於室溫的環境,會發酵得比較快。

將麵糰稍微排氣(如圖)。

再將麵糰分成 2 等份,滾圓鬆弛約 10 分鐘,再將麵糰擀開成薄長方形。

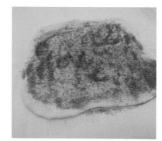

撒上肉桂糖,可以用桿麵棍再輕壓稍微讓肉桂糖貼緊麵糰。

9

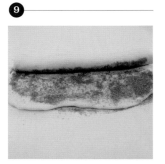

從長邊捲起成長條。

10

收口捏緊。

11

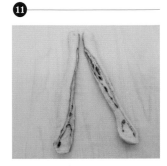

用切麵刀縱切為兩半。

12

切面朝上，兩條麵糰擺放成 X 型。

13

上半部兩條麵糰重複交叉為兩股辮，頂端收口捏緊。

14

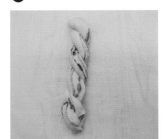

下半部以相同方式整形。

15

由一端繞起，另一端收口往底部塞。

16

進行二次發酵至麵糰 2 倍大，發酵完成進烤箱前，用刷子把全蛋液均勻塗在麵糰表面。放入已預熱 180℃ 的烤箱，烘烤 15 ～ 20 分鐘即完成。

> **memo**
>
> 記得麵糰的牛奶份量要視高筋麵粉廠牌不同，觀察麵糰的狀態稍作調整喔！

一口起司鈣多多麵包

鹹起司司康

一口起司鈣多多麵包

（約 1 盤）

一次發酵的麵糰也是很好吃的，做成鹹口味的起司麵包，一口一個，小孩子們都搶著吃！

● **材料** 高筋麵粉……150g　　　牛奶……100g

細砂糖……15g　　　帕瑪森起司粉……2 大匙

鹽…… 5g　　　奶油…… 15g

速發酵母粉……1.5g

❶

全部材料除了奶油放入攪拌機或麵包機，攪拌至出筋。

❷

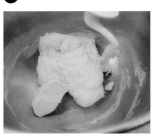

加入奶油繼續攪拌。

❸

攪拌至麵糰產生薄膜。

❹

將麵糰放入大碗內，用保鮮膜包好。

基礎發酵至麵糰2倍大（如果有發酵箱，設定30℃，發酵50分鐘。）冬天溫度比較低，可以放在烤箱，烤箱不設定溫度，烤箱裡面放一鍋熱水製造溫度高於室溫的環境，會發酵得比較快。

❺

將麵糰稍微排氣（如圖）。

❻

在桌面撒一點高筋麵粉當手粉，將麵糰擀平為厚度約1cm的方形。

❼

再用切麵刀分割麵糰成小方塊。

❽

排在鋪上烘焙紙的烤盤裡，麵糰之間稍微保持距離，放入已預熱170℃的烤箱裡，烘烤15分鐘至上色即完成。

---

memo

記得麵糰的牛奶份量要視高筋麵粉廠牌不同，觀察麵糰的狀態稍作調整喔！

鹹起司司康

（約 8 個）

喜歡側面有美麗裂紋的司康，更喜歡剛出爐的司康，外層烤得酥酥的。每次烤好總會迫不及待趁熱剝一個來吃，還冒著蒸氣呢！裡面好鬆軟！是幸福的味道啊！

● **材料** A（司康用）

　　無鹽奶油……30g

　　低筋麵粉……100g

　　帕馬森起司粉……10g

　　無鋁泡打粉……1 小匙

　　糖……1 大匙

　　鹽……1/2 小匙

　　牛奶……50g

　B（塗抹司康表面用）

　　蛋黃…… 少許

● **準備** 烤箱預熱 210℃。

❶

奶油不需要退冰，切成小塊後和低筋麵粉放入食物處理機裡。

❷
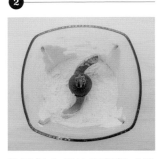
快速混合奶油和麵粉成沙狀。

❸

加入帕馬森起司粉、無鋁泡打粉、糖、鹽、牛奶，再用食物處理機混合成糰。

❹

把麵糰放在撒有少許低筋麵粉的烤盤紙上，整成厚度約 2cm 的麵糰。不要過份搓揉或揉壓。

❺

用切麵刀分割成 8 等份。

❻
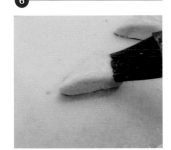
分開擺放在烤盤上，表面用刷子塗上蛋黃。放入已預熱好的烤箱，烘烤約 15 分鐘即完成。

---

memo

① 烤箱溫度以及時間，請依照自己使用的烤箱視情況調整。

② 無鋁泡打粉每次使用前請檢查效期。過期或是效用已減弱的泡打粉會影響麵糰膨脹與烘焙的結果。

③ 如果沒有食物處理機，也可以用手攪拌，但在步驟 1 的時候動作要快，否則手的溫度會影響奶油的溫度，進而影響口感。

● **變化款**　喜歡鹹口味的司康也可以加入乾燥的蔥或是炒過的培根。做成甜口味的司康可以不加入起司粉與鹽，加入蔓越莓乾、葡萄乾等配料。

蜂蜜小貝果

（約 8 個）

沒空的時候就做只需要一次發酵的貝果吧！把貝果做得小小的，
小小孩一個剛剛好。無油的貝果，更健康喔！

⋯⋯⋯

● **材料 A**

| 高筋麵粉⋯⋯300g

| 鹽⋯⋯6g

| 速發酵母粉⋯⋯3g

| 蜂蜜⋯⋯50g

| 水⋯⋯140g

B（燙貝果用）

| 蜂蜜⋯⋯1 大匙

1

將高筋麵粉、鹽、速發酵母粉、蜂蜜、水全部放入攪拌缸或麵包機裡。

2

拌均勻至麵糰光滑即可，不用到出筋薄膜的狀態。（如果用的蜂蜜是水份比較少的，視麵糰狀況可以多加一點水。貝果麵糰會比一般麵包水份少一些是正常的）。

3

攪拌缸用保鮮膜包好，放在30℃的環境裡，基礎發酵40分鐘左右。（也可以把麵糰放入烤箱，放一杯熱水，製造溫暖的環境加速發酵的時間）。

4

貝果麵糰分成8等份（1份約60g）。

5

取1個麵糰，擀平成長橢圓狀，盡量整成長方形。

6

翻面，從長邊捲起。

7

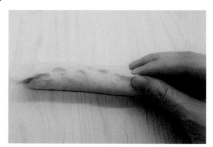

接口的地方把麵糰仔細捏緊。

8

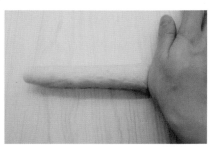

再把麵糰搓成長條狀，接口朝上，右邊那端用手壓平（或用桿麵棍也可以）。

9

左邊那端往右側向內繞成圓。

10

接口的地方確實捏緊，並檢查所有接口處都朝下並且捏緊，麵糰烤的時候才不會開裂，造型才會漂亮。

11

起一鍋水加入 1 大匙蜂蜜，加熱至微滾即可。轉小火，放入貝果麵糰燙，一面燙 5 秒，翻面再燙 5 秒。

12

將麵糰放在烘焙紙上，等待麵糰水份乾了（約幾分鐘）就可以進烤箱。放入已預熱 200 ℃的烤箱，烘烤 10 ～ 15 分鐘左右至上色即完成。（貝果最後幾分鐘上色很快，要顧爐哦！）

短耳貓比薩

（約 4 個）

其實自己做比薩很簡單，想放什麼料就放什麼料，（通常是清冰箱啦！）用海頓媽媽的 333 萬用麵包配方為基礎，也可以做比薩喔！

● **材料 A**（比薩麵包用）

| 高筋麵粉……150g
| 細砂糖……15g
| 鹽……5g
| 速發酵母粉……1.5g
| 牛奶……100g
| 帕瑪森起司粉……2 大匙
| 奶油……15g

B（比薩餡料用）

| 義大利麵醬……適量
| 比薩起司……適量

C（裝飾用）

| 竹炭粉……少許
| 水……少許

● **準備** 烤箱預熱 180℃。

將材料 A 除了奶油全部放入攪拌機或麵包機。

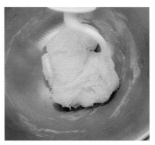

攪拌至出筋。

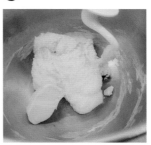

加入奶油繼續攪拌。

攪拌至麵糰產生薄膜。

將麵糰放入大碗內，用保鮮膜包好。

基礎發酵至麵糰 2 倍大（如果有發酵箱，設定 30℃，發酵 50 分鐘。）冬天溫度比較低，可以放在烤箱，烤箱不設定溫度，烤箱裡面放一鍋熱水製造溫度高於室溫的環境，會發酵得比較快。

將麵糰稍微排氣（如圖）。

再將麵糰分割成 4 等份，滾圓鬆弛 15 分鐘。

把麵糰擀成蛋形，用叉子在下半部戳幾個洞。

9

再用湯匙把義大利麵醬塗抹在剛剛有戳洞的麵皮上司。

10

鋪上比薩起司。

11

揉兩個約 1g 的麵糰，擺在蛋形麵皮上方當作耳朵。放入已預熱 180℃的烤箱烘烤 15 分鐘。

12

將少許竹炭粉和幾滴水混合當作顏料，用乾淨的毛筆或水彩筆沾取，畫出短耳貓的五官即完成。

memo

記得麵糰的牛奶份量要視高筋麵粉廠牌不同，觀察麵糰的狀態稍作調整喔！

平底鍋烤紅豆麵包

沒有烤箱，用平底鍋也可以烤麵包喔！古早味的紅豆麵包，一次發酵作法快速簡單。造型樸實，當作下午的小點心，熱呼呼的一次可以吃兩個呢！

● **材料 A**

　高筋麵粉……150g

　細砂糖……15g

　鹽……1.5g

　速發酵母粉……1.5g

　牛奶……100g

　奶油……15g

B（內餡用）

　市售烏豆沙……適量

將材料 A 除了奶油全部放入攪拌機或麵包機。

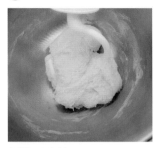

攪拌至出筋。

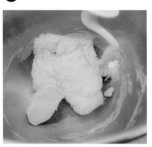

加入奶油繼續攪拌。

攪拌至麵糰產生薄膜。

將麵糰放入大碗內,用保鮮膜包好。

基礎發酵至麵糰 2 倍大(如果有發酵箱,設定 30℃,發酵 50 分鐘。)冬天溫度比較低,可以放在烤箱,烤箱不設定溫度,烤箱裡面放一鍋熱水製造溫度高於室溫的環境,會發酵得比較快。

將麵糰稍微排氣(如圖)。

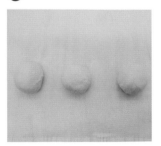

再將麵糰分割成一份 30g 的麵糰,滾圓鬆弛 15 分鐘。

接著把麵糰擀成長橢圓狀。

⑨

烏豆沙揉成一個 15g 的內餡，放在擀好的長橢圓狀麵糰團下方。

⑩

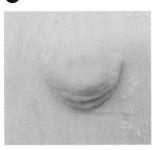

再把麵糰對折。

⑪

從中間先捏起。

⑫

再把邊緣收口捏緊。

⑬

稍微壓平。

⑭

用平底不沾鍋以小火乾烙，兩面都煎至上色，麵糰有熟就可以起鍋。

memo

記得麵糰的牛奶份量要視高筋麵粉廠牌不同，觀察麵糰的狀態稍作調整喔！

小熊貓排包

小熊貓北鼻們擠在一起好可愛喔！烤白麵包的技巧其實是烘烤之前撒上麵粉並把溫度降低一點烤，白胖胖的麵包就香噴噴出爐啦！

● **材料 A**

高筋麵粉……150g

細砂糖……15g

鹽……1.5g

速發酵母粉……1.5g

牛奶……100g

奶油……15g

B（裝飾用）

竹炭粉……少許

紅麴粉……少許

水……少許

將材料 A 除了奶油全部放入攪拌機或麵包機。

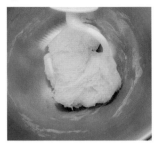

攪拌至出筋。

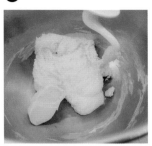

加入奶油繼續攪拌。

攪拌至麵糰產生薄膜。

將麵糰放入大碗內，用保鮮膜包好。

基礎發酵至麵糰 2 倍大（如果有發酵箱，設定 30℃，發酵 50 分鐘。）冬天溫度比較低，可以放在烤箱，烤箱不設定溫度，烤箱裡面放一鍋熱水製造溫度高於室溫的環境，會發酵得比較快。

將麵糰稍微排氣（如圖）。

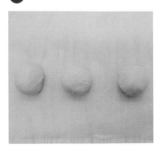

再將麵糰分割成一份 30g 的麵糰，滾圓鬆弛 15 分鐘。

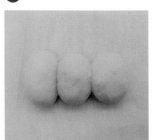

再把麵糰整成長橢圓狀，讓三個麵糰並排在一起。

9

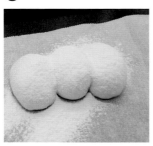

進行第二次發酵至麵糰再度發酵成 1.5 倍至 2 倍大。（如果有發酵箱，設定 40℃，發酵 30 分鐘）。麵糰表面均勻撒上高筋麵粉。

10

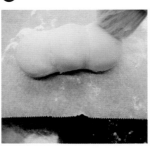

攪拌至出筋二次發酵完成後，放入已預熱 150℃的烤箱裡烘烤 15 分鐘。出爐後用刷子輕輕刷除表面的麵粉，靜置放涼。。

11

將少許竹炭粉和幾滴水混合當作顏料，用乾淨的毛筆或水彩筆沾取，畫出熊貓的五官。（記得畫食物用的筆要和畫畫的筆分開哦！）依序完成三個熊貓。

12

將少許紅麴粉和幾滴水混合當作顏料，用乾淨的毛筆或水彩筆沾取，畫出熊貓的腮紅。

13

身上的熊貓黑條紋也不要忘記喔！

memo

記得麵糰的牛奶份量要視高筋麵粉廠牌不同，觀察麵糰的狀態稍作調整喔！

小熊杯子麵包

（約 7 個）

用烤杯子蛋糕的紙模烤麵包，發酵完後自然會有可愛的熊熊頭，好像從小盒子探出來。用紙模的好處是不用擔心還要做複雜的麵糰整形，加點裝飾就很可愛！

● **材料 A**

高筋麵粉⋯⋯ 150g

細砂糖⋯⋯15g

鹽⋯⋯1.5g

速發酵母粉⋯⋯1.5g

牛奶⋯⋯100g

奶油⋯⋯15g

B（裝飾用）

竹炭粉⋯⋯少許

水⋯⋯少許

杏仁片⋯⋯少許

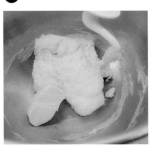

將材料 A 除了奶油全部放入攪拌機或麵包機。

攪拌至出筋。

加入奶油繼續攪拌。

攪拌至麵糰產生薄膜。

將麵糰放入大碗內，用保鮮膜包好。

基礎發酵至麵糰 2 倍大（如果有發酵箱，設定 30℃，發酵 50 分鐘。）冬天溫度比較低，可以放在烤箱，烤箱不設定溫度，烤箱裡面放一鍋熱水製造溫度高於室溫的環境，會發酵得比較快。

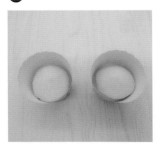

將麵糰稍微排氣（如圖）。

再分割成一個 40g 的小麵糰，整圓並讓光滑面朝外。

把麵糰放入杯子蛋糕紙模裡面。

9

第二次發酵至麵糰紙模高度多一些些，放入已預熱170℃的烤箱裡，烘烤 15 分鐘，出爐後靜置放涼

10

將少許竹炭粉和幾滴水混合當作顏料。

11

用乾淨的毛筆或水彩筆沾取，在麵包上畫出小熊的五官。（記得畫食物用的筆要和畫畫的筆分開哦）。

12

用刀在熊熊兩側割一個小縫。

13

插入兩片杏仁片，當作小熊的耳朵即完成。

---

memo

① 記得麵糰的牛奶份量要視高筋麵粉廠牌不同，觀察麵糰的狀態稍作調整喔！

② 麵糰份量可以依照你使用的杯子蛋糕紙模大小調整。

③ 小熊的五官也可以用融化的巧克力裝飾畫上喔！

海頓媽媽的招牌蔥麵包

（約 2 條）

用「海頓媽媽的 333 萬用麵包配方」，利用「中種法」+「水合法」，可以比較快速揉出薄膜，也推薦給沒有機器用手揉方式做麵包的朋友，可以省點力氣喔！另外，這樣的麵包整型也很萬用，除了很美，餡料也會很均勻，大推！

● **材料** A（中種麵糰用）

　高筋麵粉……210g

　牛奶……140g

　速發酵母粉…… 3g

　B（水合麵糰用）

　高筋麵粉……90g

　牛奶……60g

　細砂糖……30g

　C

　鹽……3g

　奶油……30g

　蔥……適量（洗淨備用）

D（內餡用）

　蔥……少許

　植物油……少許

　鹽……少許

E（塗抹麵包用）

　全蛋液…… 適量

● **準備** 蔥洗淨晾乾，切細末備用。

中種：將材料 A 放入攪拌盆，揉成團即可，蓋上保鮮膜，讓麵糰放在室溫發酵約半小時。

水合：將材料 B 全部放入另外一個容器內，攪拌成團即可先靜置備用。

待步驟 1 的中種發酵完成後，加入步驟 2 的麵糰攪拌均勻，再加入鹽以及奶油，繼續揉出薄膜。

將麵糰放入大碗內，用保鮮膜包好。

基礎發酵至麵糰 2 倍大（如果有發酵箱，設定 30℃，發酵 50 分鐘。）冬天溫度比較低，可以放在烤箱，烤箱不設定溫度，烤箱裡面放一鍋熱水製造溫度高於室溫的環境，會發酵得比較快。

將麵糰稍微排氣（如圖）。

再將麵糰分成 2 等份，滾圓鬆弛約 10 分鐘。

繼續將麵糰擀開成薄長方形。

抹上少許植物油，均勻撒上鹽。

再均勻鋪上蔥花。

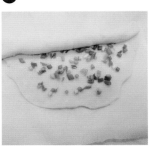

捲起成長條，收口捏緊朝下放，把麵糰放在烘焙紙上。

用料理用剪刀間隔約 1cm 剪開麵糰，但不要全部剪斷底部。

把剪開的麵糰左右交互攤開。

第二次發酵約半小時。

放入烤箱前用刷子在麵包表面刷上全蛋液。放入已預熱 180℃ 的烤箱，烘烤約 15 分鐘即可出爐。

memo

① 記得麵糰的牛奶份量要視高筋麵粉廠牌不同，觀察麵糰的狀態稍作調整喔！

② 每台烤箱不同，烘烤溫度與時間都要視狀況調整哦！

想念的味道

小時候放學回家，跟阿公相處時間最長了。每次阿公問我想吃什麼，我都大聲回答「蛋包飯」。怎麼吃都吃不膩，不知道阿公在飯裡加了什麼，有豬油香還有蛋的味道也好香好香，又嫩又夠味。

後來阿公在我國中的時候過世了，我記得在醫院他對我說的最後一句話是「我知道妳念書沒問題，但還是要好好念書考上好學校」。「嗯」我有答應他，我有做到。後來高中考上第一志願，大學也出國唸了名校電機系。秉持著阿公的教誨，他總是跟我說，有聰明才智不夠，還要不斷努力，念書如此，學習任何事情如此，人生態度也是如此。

我一直把那蛋包飯的味道記著，長大了嫁人了當媽媽了，都不曾停止嘗試自己做蛋包飯，但很讓人氣餒的，怎麼做就是做不出來阿公牌一樣的味道。我爸媽回台灣幫我做月子的時候，我突然好想吃蛋包飯，問我爸「知不知道阿公的蛋包飯怎麼做？我怎麼做都做不出那個味道，我好想吃哦！」

只見我爸愣了一下，久久不語，然後，他哭了。那是我第二次看到我爸哭。第一次是阿公在急診室，爸爸坐在外面的椅子上的時候。我突然問的這個問題，讓我爸哽咽到說不出任何話，我只能過去抱著我爸，拍拍他說「我知道，我也很想阿公」，然後我們父女倆抱在一起哭。

我再也沒問我爸，阿公的蛋包飯要怎麼做。我也沒有再嘗試了，因為我懂了，我這輩子不會做出那味道了。那味道，是思念的味道。

沒有再嘗試，也不是不思念了，而是活在思念裡了。

你也有想念的味道嗎？

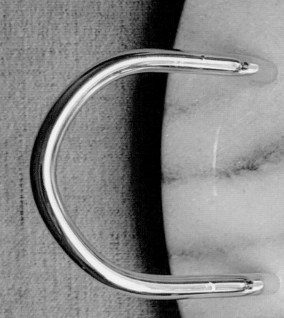

chapter.5

用可愛小點心慶祝每一天

柴犬鮮奶湯圓

每次煮湯圓,看到可愛的湯圓們在鍋裡滾啊滾的,好療癒啊!用純鮮奶不加一滴水,再加上簡單的懶人法,做可愛湯圓一點也不難喔!

● **材料** 糯米粉……50g　　　　可可粉……少許
　　　　全脂牛奶……40g　　　竹炭粉……少許

1

將糯米粉和全脂牛奶放入碗裡，揉成
糯米團（糯米粉因品牌有些許不同，
可以自行增減牛奶的份量，像粘土一
樣可捏塑的質感即可）。

2

取適量糯米團，加入少許可可粉，揉
成淺咖啡色的糯米團。再取少許糯米
團，加入少許竹炭粉，揉成黑色的糯
米團。

3

雙手搓揉成一個圓。

4

輕輕按壓成扁圓狀。

5

取少許白色糯米團，分成兩等份，再
捏成三角形當作柴犬的耳朵，黏在頭
上。耳朵裡面再粘上小一點的咖啡色
糯米團。

6

搓一個小圓的白色糯米團，擺在兩色
交接處的中心位置。

7

取少許黑色糯米團，捏出兩個眼睛和鼻子，黏在頭上，在臉的上方，眉間處粘上兩個小白點。完成的湯圓可以先放在烘焙紙上

8

煮一鍋開水，記得水滾後才能放入湯圓。約煮 5 分鐘後，湯圓浮起再等約 3 分鐘，熟了即可撈出。

9

將竹炭粉混合少許水當作顏料，在煮好的湯圓上，畫出嘴巴等細節即完成。

10

另外可以捏個狗狗腳掌的湯圓，超可愛！

---

memo

① 湯圓本身完全無糖，想要加糖也可以酌量加。 我通常會再另外煮紅豆湯或薑湯，甜湯裡有甜度所以湯圓本身就不另外加糖了。

② 湯圓捏好造型，如果不馬上煮，也可以放入保鮮盒冷凍保存。想要吃之前煮湯圓，但是煮的時間會比剛做好的湯圓要久一點。

③ 這款湯圓要包內餡當然也可以啦！甜的鹹的，隨個人喜歡。

39

恐龍湯圓

擔心做造型會手殘的朋友別擔心,用海頓媽媽的這個妙招用模具
輕鬆做湯圓,一樣可以做出可愛湯圓!

● **材料** 糯米粉……50g

全脂牛奶……40g

❶

將糯米粉和全脂牛奶放入碗裡，揉成糯米團（糯米粉因品牌有些許不同，可以自行增減牛奶的份量，像粘土一樣可捏塑的質感即可）。

❷

取適量糯米團，填入恐龍矽膠模型裡，壓緊實，將表面壓平整。

❸

放入冰箱冷凍約半小時，定型後即可將湯圓從矽膠模型取出。煮一鍋開水，記得水滾後才能放入湯圓。約煮 5 分鐘後，湯圓浮起再等約 3 分鐘，熟了即可撈出。再放入薑湯裡，可愛的恐龍熱呼呼融化你的心。

memo

① 這款湯圓用自己喜歡的矽膠模型都可以。

② 湯圓本身完全無糖，想要加糖也可以酌量加。 我通常會再另外煮紅豆湯或薑湯，甜湯裡有甜度所以湯圓本身就不另外加糖了。

③ 湯圓如果不馬上煮，可以在從矽膠模型取出後，放入保鮮盒裡冷凍保存。想要吃的時候再拿出來煮，但是煮的時間會比剛做好的湯圓要久一點。

④ 這款湯圓要包內餡當然也可以啦！甜的鹹的隨個人喜歡。

松露巧克力

松露巧克力可以說是生巧克力的兄弟,食譜一樣只是長相作法稍有不同,因為外表長得像松露而稱作松露巧克力,當作伴手禮很受歡迎呢!

- **材料** 動物性鮮奶油⋯⋯50g
  苦甜巧克力⋯⋯100g
  無鹽奶油⋯⋯10g
  防潮可可粉⋯⋯少許

- **準備** 裁切烘焙紙,放入保鮮盒內部。

❶

將動物性鮮奶油放入鍋中，以小火煮至溫熱的狀態（不需要煮到滾）。

❷

熄火，倒入苦甜巧克力（如果是一大塊的巧克力磚，要先切碎）。

❸

稍微靜置 3 分鐘，先不用急著攪拌，巧克力會慢慢融化，再用攪拌刀攪拌。放入奶油，攪拌至滑順的狀態即可。

❹

倒入已鋪好烘焙紙的保鮮盒內，蓋上蓋子，放入冰箱冷藏約半小時至凝固。

❺

將生巧克力分成適當大小再揉圓（冷藏的狀態會影響操作，如果太軟就再冰回冰箱，如果太硬不好揉圓，就放室溫回溫。兩手盡量揉成團即可，生巧克力會因為手溫而融化，揉圓的時間不要太久）。

❻

放在撒有防潮可可粉的淺盤上，滾動松露巧克力，讓表面都均勻裹上防潮可可粉，再裝入密封盒冷藏保存。

memo

① 用品質好一點的巧克力和鮮奶油，才會做出好吃的生巧克力哦！我自己偏愛 70% 苦甜巧克力，不會太甜，做出來的生巧克力送家人朋友，接受度都很高。

② 松露巧克力最好調整的部份就是在生巧克力冷藏時的狀態，要在剛好能塑型時才比較好整圓。松露巧克力揉圓的時間點需要一點經驗，新手建議先從「奶酒生巧克力（P.194）」這個食譜試試。

小海豹草莓大福

做草莓大福其實很簡單，花點巧思做成可愛的小海豹，萌萌的有點捨不得吃呢！

- **材料 A**

  | 糯米粉……100g
  | 砂糖…… 30g
  | 常溫飲用水……150g
  | 市售烏豆沙……適量
  | 草莓……適量

  B（防沾粉）
  | 日本太白粉（熟粉）……適量

  C（裝飾用）
  | 巧克力……適量

- **準備** 1. 將草莓洗淨，用廚房紙巾擦乾。

  2. 將適量的烏豆沙先揉成圓球，再壓扁成一片圓，裹住草莓揉成橢圓形。

  ＼ 烏豆沙裹住草莓 ／

  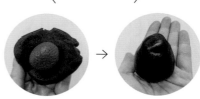

1

將糯米粉和砂糖放入淺盤裡，稍微攪拌均勻。

2

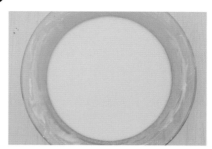

倒入冷開水，攪拌至無粉粒的狀態（用淺盤，蒸的時候比較容易熟，而且受熱也會比深碗均勻）。

3

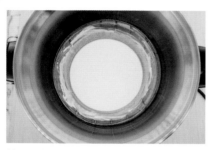

放入電鍋，外鍋一杯水蒸約 15 ～ 20 分鐘。

4

蒸熟至糯米團呈現半透明的狀態，確認都沒有糊狀或粉漿。

5

在烤盤紙上撒少許日本太白粉防沾，再將糯米團移到日本太白粉上。

6

上面再撒少許日本太白粉，用切麵刀分成 6 等份。

7

將糯米團慢慢拉開成片狀，包裹住草莓豆沙。

8

收口捏緊朝下。

9

兩手稍微整成長橢圓狀，尾端用廚房剪刀剪開，捏成海豹尾巴。將少許巧克力隔水加熱融化，用牙籤沾取融化的巧克力，畫出小海豹的五官即完成。

memo

① 日本太白粉是熟粉，當作防沾手粉很方便。也可以將一般太白粉平攤在烤盤中，放入已預熱 160℃的烤箱中烤 5 分鐘放涼使用。

② 大福做完請盡快食用，不宜久放也不適合冷藏，糯米團會變硬。

香蕉藍莓義式冰淇淋

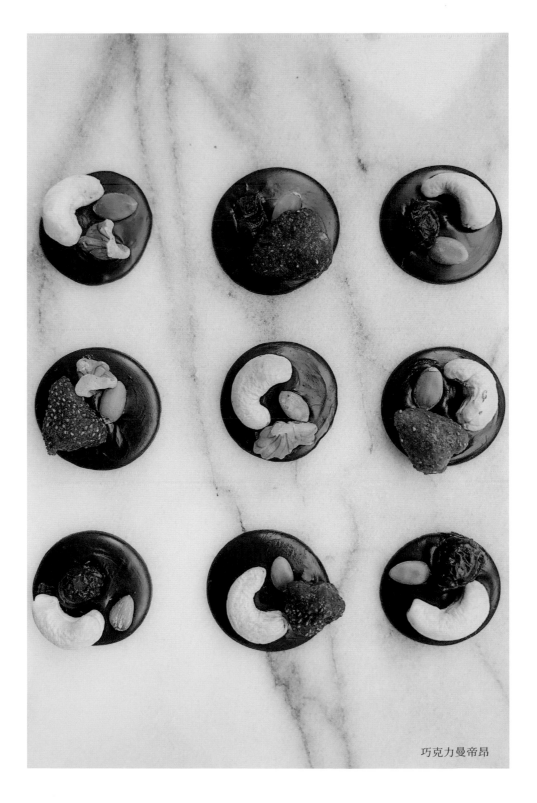

巧克力曼帝昂

香蕉藍莓義式冰淇淋

（約 2 人份）

每次做這個給來家裡玩的小朋友吃,每個人都敲碗說還要!食材真的很少,作法真的很簡單,很神奇又健康的冰品,非常推薦給大家,在家安心吃冰淇淋,比跑出門買還更快做好呢!

● **材料** 熟透的香蕉……2 條　　　　藍莓……半碗

1

將香蕉剝皮切片，平放入封口袋內，放入冰箱冷凍約 4 小時以上。

2

藍莓洗淨，放入冰箱冷凍約 4 小時以上。

3

想吃冰的時候，取出冷凍香蕉片和藍莓，放入食物調理機或果汁機裡。

4

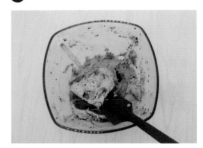

快速攪打成泥即完成（時間不要過長以免融化。可以馬上享用，如果希望吃硬一點的口感，也可以先放入保鮮盒裡，再冷凍 1 小時後挖取享用。不過通常是等不及就直接從食物調理機裡面挖來吃了，哈哈！）

● 變化款 | 這個食譜的靈魂食材就是冷凍香蕉，香蕉冷凍後打成泥，吃起來會很像義式冰淇淋喔！以香蕉為基底，冷凍藍莓也可以換成其它的冷凍水果，例如芒果、草莓等。因為水果本身就有甜度，我通常不另外加糖，偶爾適量加點蜂蜜也很棒喔！

巧克力曼帝昂

每次要送親朋好友精緻的小點心，總會想到做巧克力曼帝昂，好像鑲嵌著珠寶一樣！巧克力曼帝昂看起來很高級，做起來超簡單！更喜歡這個點心的隨性，用自己喜歡吃的巧克力，放上自己喜歡的堅果和果乾，隨意搭配，就能做出千變萬化的曼帝昂。

● **材料** 苦甜巧克力⋯⋯適量　　　　腰果、草莓乾、蔓越莓乾、南瓜子、核桃⋯⋯適量

將苦甜巧克力隔水加熱或
微波爐加熱融化。隔水加
熱的時候請注意不要有水
氣跑進巧克力裡。

微波爐加熱請每次加熱 30
秒就要拿出來攪拌均勻與
檢查融化的狀態。不論哪
種融化方式都要小心溫度
不要太高，巧克力不要加
熱過頭了。

用湯匙舀巧克力糊至烘焙
紙或烤盤布上，巧克力會
自然散落成圓形。

趁巧克力未凝固前，擺上
堅果、果乾，待其凝固即
完成。

memo

① 如果天氣比較冷，動作不夠快還沒擺上堅果與果乾，巧克力可能就已經凝固。建議
一次不要擠太多個圓形巧克力，可以分批完成。

② 完成的巧克力曼帝昂可放入冰箱冷藏約 10 分鐘至巧克力凝固，即可享用或密封保存。

③ 選擇果乾和堅果的時候，建議搭配一下顏色，成品會更漂亮喔！

● 變化款　｜　放大版的巧克力曼帝昂可以用長方形模型製作，
送禮也很繽紛夢幻喔！

水果冰棒串

想吃冰但又想要健康一點的選擇，我最常做的就是用各種水果串一串，沾裹巧克力和杏仁角無敵美味！這個點心也很適合在派對的時候預先製作，大小客人一到，端出來絕對快速被搶食。

● **材料** 草莓⋯⋯適量
香蕉⋯⋯適量
奇異果⋯⋯適量
杏仁角⋯⋯適量
黑巧克力⋯⋯適量

● **準備** 將杏仁角平鋪在烤盤上，以烤箱 180℃烘烤 5 分鐘，顏色上色即可。

❶

將草莓洗淨，去除葉蒂後切半。

❷

香蕉切段，切的長度約和草莓高度相同。

❸

奇異果切成約 8 等份。

❹

取一個紙棍，依序穿入草莓、香蕉、奇異果，並調整位置讓底部整齊，盡量高度均等。串好所有水果串後，放入冰箱冷凍半小時以上。

❺

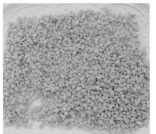

杏仁角平鋪在淺盤裡。黑巧克力隔水加熱融化，裝在另一個淺盤裡。

❻

將水果串從冷凍庫取出，底部沾取黑巧克力約 1/4 高度。

❼

馬上再沾取杏仁角，冷凍水果會讓巧克力快速凝固，所以動作要迅速，杏仁角才會沾附上巧克力喔！

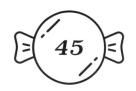

鮮奶泥麻糬

（約 1 盒）

這個小點心，老實說有點像小朋友的玩具史萊姆，所以我都叫它
「可以吃的史萊姆」，可以搭配自己喜歡的配料吃喔！

● **材料**　樹薯粉……25g

　　　　砂糖……25g

　　　　全脂鮮奶……250g

❶

將全部的材料放入一個鍋子裡，用中小火煮，一邊不停攪拌。

❷

煮到比較黏稠的狀態就可以轉小火繼續煮，煮到更黏稠成泥或團狀即可。

❸

放入保鮮盒，稍微放涼就可以放入冰箱冷藏約半小時即完成。

memo

享用的時候可以搭配黃豆粉，或隨個人喜好撒上花生粉或芝麻粉，淋蜂蜜也很好吃喔！

奶酒生巧克力

草莓抹茶牛軋糖

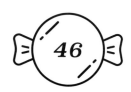

奶酒生巧克力

（約 16 塊，保鮮盒尺寸參考約 13×12×3cm）

令人難以抗拒的生巧克力，看起來很高級，作法其實很簡單！

● **材料** 動物性鮮奶油……50g

苦甜巧克力…… 100g

奶酒……2 小匙

無鹽奶油……10g

防潮可可粉……適量

● **準備** 裁切烘焙紙，放入保鮮盒
內部。

保鮮盒鋪好烘焙紙

1

將動物性鮮奶油和奶酒放入鍋中，以小火煮至溫熱的狀態（不需要煮到滾）。

2

熄火，倒入苦甜巧克力（如果是一大塊的巧克力磚，要先切碎）。

3

稍微靜置 3 分鐘，先不用急著攪拌，巧克力會慢慢融化，再用攪拌刀攪拌。放入奶油，攪拌至滑順的狀態即可。

4

倒入已鋪好烘焙紙的保鮮盒內，蓋上蓋子，放入冰箱冷藏約 1 小時至凝固。

5

取出生巧克力切塊。

6

表面篩上防潮可可粉即完成。

---

memo

① 沒有同樣大小的保鮮盒沒關係，請找適合大小的保鮮盒，依照你希望做的生巧克力高度做調整，裁切。

② 用品質好一點的巧克力和鮮奶油，才會做出好吃的生巧克力哦！

③ 不喜歡酒味也可以省略奶酒。

草莓抹茶牛軋糖

看起來很厲害但其實 5 分鐘就能做一大堆，沒有加堅果，牙口不好的老人家或小小孩也能享用。草莓的酸甜搭配香濃的抹茶味，不會太甜的牛軋糖好好吃，也是抹茶控的最愛。

● **材料** 無鹽奶油……25g　　　　抹茶粉……1 小匙
　　　　小顆棉花糖……100g　　　冷凍草莓乾……40g
　　　　烘焙用奶粉……50g

將奶油放入不沾鍋，以小火融化。

加入小顆棉花糖，攪拌至棉花糖完全融化。

熄火，加入烘焙用奶粉、抹茶粉，快速攪拌均勻。

加入冷凍草莓乾快速拌勻。

接著倒在烘焙紙上，輕輕揉壓均勻，不要壓碎草莓乾。

整形成方塊（可以利用保鮮盒幫助整形），放涼後切塊即完成。

memo

① 建議用不沾鍋做牛軋糖，否則會不好攪拌。

② 建議使用烘焙用的奶粉，不建議使用沖泡奶粉或嬰兒奶粉，味道會不一樣。

② 做牛軋糖速度不要太慢，糖冷卻時會變硬，不好整形。

● 變化款　這份食譜也可以自行變化成其它口味喔！例如覆盆子草莓牛軋糖，食譜和這個草莓抹茶牛軋糖一樣，只要把抹茶粉換成覆盆子粉即可，顏色很粉嫩討喜，加入喜歡的堅果或果乾也很棒。

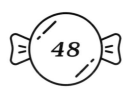

烤布蕾

吃烤布蕾的時候，用湯匙背面輕敲一下脆脆的焦糖，和軟嫩香濃
的布丁一起入口，就是幸福的感覺！

● **材料** 牛奶……400g
　　　 鮮奶油……150g
　　　 砂糖…… 45g
　　　 蘭姆酒……1 大匙
　　　 香草莢……1/3 支
　　　 全蛋……3 顆
　　　 蛋黃……2 顆

● **準備** 烤箱預熱 160 ℃。

將香草莢剖開，用小刀把香草籽刮下來。

把牛奶、鮮奶油、糖、蘭姆酒放入鍋子中，香草籽和香草莢也一起放入牛奶鍋煮，煮至砂糖融化就可以熄火。

 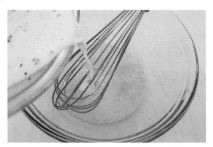

將全蛋和蛋黃打入一個容器中，用攪拌器以 Z 字型打散，注意不要過度攪拌把空氣打入蛋液裡。將步驟 2 慢慢加入，一邊加入一邊攪拌。

將步驟 3 用濾網過濾 3 次去除蛋筋。

平均倒入布丁容器中約 8 分滿。

再放入深烤盤中，深烤盤裡倒入熱水（水深約布丁容器的 1/2 高度）。布丁容器包錫箔紙或蓋上一個烤盤防止結皮。

7

放入已預熱好的烤箱中烘烤 30 分鐘 (烘烤時間會與蛋液的高度、容器大小有關，請自行調整)。烤好取出放涼後，用保鮮膜包裹容器，放入冰箱冷藏 4 小時以上。

8

要享用前在布丁表面均勻撒上砂糖。

9

用噴槍噴到砂糖焦化形成一層糖片即完成。

memo

① 煮牛奶的時候記得不用煮到沸騰，不然和蛋液混合一不小心會有變成蛋花湯的可能。我大約煮到 60 度左右糖融化即可。牛奶萬一不小心煮太燙也沒關係，離火放置一下溫度降下來再加入蛋液也比較不會有蛋花湯的可能。因為如果這步驟變成蛋花湯，後面要烤的時候會不容易熟。

② 布丁烤好表面會凝固，但稍微用手晃動容器會看到布丁好像有些許晃動的現象是正常的。如果有液體流出來表示還沒烤好。

③ 沒有香草莢也可以加香草醬或香草精 1 大匙。

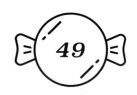

花兒鳳梨酥

（約 11 個）

這是海頓媽媽招牌的創作之一，當初會創作花兒鳳梨酥，其實是因為手邊沒有足夠的方形傳統鳳梨酥模烤鳳梨酥，因此想要「用一個模型快速做出鳳梨酥」，而且還要有美美的造型適合送禮。通常鳳梨酥食譜都會有烤模一起進烤箱，鳳梨酥還要翻面烤，所以沒有烤模的鳳梨酥算是創舉，食譜經過多次調整實驗。很開心討喜的花兒，好吃的食譜，造成大流行。把花兒鳳梨酥收納在此書和大家分享。有時候打破傳統思維，挑戰自我，縱使知道從零到一的路最難走，雖然很花時間花心力，但那成就感是無法取代的，能分享給人家，受到大家喜愛也是一種幸福。

● **材料** 無鹽奶油……110g

糖粉……25g

蛋黃……1 顆

烘焙用奶粉……10g

帕瑪森起司粉……10g

低筋麵粉……170g

紅麴粉……少許

市售純鳳梨餡……約 160g

● **準備** 1. 將奶油回復至室溫。

2. 烤箱預熱 180℃。

將室溫奶油和糖粉用手持攪拌器或攪拌機打發至泛白的狀態。

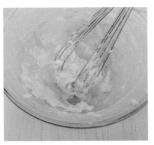

將蛋黃加入奶油霜，攪拌均勻至蛋液完全吸收。

加入過篩的低筋麵粉、烘焙用奶粉、帕瑪森起司粉，用攪拌刮刀以切拌方式把麵粉與奶油霜混合，最後可用手稍微揉勻整成團。

取少許麵糰，加一點紅麴粉混合均勻成紅色麵糰，這是花兒鳳梨酥的花蕊部分。

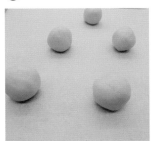

原色麵糰分成一個 27g 的小麵糰，揉圓。

鳳梨餡分成一個 15g，揉圓。

麵糰外皮稍微壓平，包入鳳梨餡。

用虎口推，把鳳梨酥皮往內包好。

（鳳梨酥皮如果太大，包內餡會造成收口太多皮，內餡就不會在正中央，會偏一邊，這部份要多練習）。要確認都包好沒有內餡跑出來。依序完成所有的鳳梨酥麵糰。

9

組裝月餅模,用刷子沾少許植物油,在月餅模輕輕刷抹上油防沾。

10

取少許紅色麵糰,壓入模型中間的花蕊處,

11

再將已包有鳳梨餡的麵糰放入月餅壓模。

12

用手輕壓底部,確認底部要是平的,烤出來才不會東倒西歪。

13

月餅壓模放在烤盤上,輕輕壓(移開壓模,不要用力壓以免麵糰變形)

14

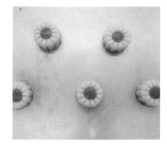

放入已預熱的烤箱,烤15～18分鐘。(如果烤箱底火比較強,可以放兩個烤盤避免底部顏色太深。每台烤箱不同,烘烤溫度時間請自行根據狀況調整。)

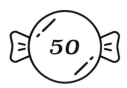

美人魚棒棒糖＆鑽石糖

市售的棒棒糖總是擔心會有色素和香精，那就自己做吧！用比較貴的德國進口愛素糖，不怕是普通的糖，不會造成蛀牙。只要有喜歡的模型，就可以做出千變萬化的棒棒糖喔！

● **材料** 德國愛素糖（isomalt）……適量　　　　覆盆子粉……少許
　　　　 藍色梔子花粉……少許

將德國愛素糖放在鍋中，以中火加熱融化。

用溫度計觀察加熱到160℃即可熄火。

倒入梔子花粉和覆盆子粉稍微攪拌，不需要攪拌至均勻，讓糖有混色的感覺。

靜置幾分鐘，溫度稍微降下後氣泡就會慢慢減少，等到完全沒有氣泡後，倒入美人魚尾巴的耐熱矽膠模型。

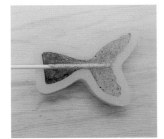

擺上一根耐熱紙棒。

糖完全放涼後即可從模型中取出，用噴槍噴糖的表面，糖會變得晶瑩剔透喔！

---

memo

① 煮糖建議用比較厚的鍋子，也建議要用溫度計才會準確知道糖的溫度。

② 加入覆盆子粉除了顏色主要是為了微酸的口味，讓糖有點味道，也可以加入幾滴檸檬汁。

● 變化款 ｜ 除了做成棒棒糖，當然也能做成一般的糖果。一樣的作法，倒入鑽石造型的矽膠模型，完成後的鑽石糖是不是超美的。

可愛鬼馬林糖

造型馬林糖是我多年前的一個非常受歡迎的創作之一，那時候好多人還問馬林糖是什麼？馬林糖可以做那麼多造型？！沒有人做過各種可愛造型的馬林糖，花好多時間不停實驗、摸索。配合萬聖節做出可愛的鬼馬林糖，超受大家歡迎，能療癒到大家，我也很開心！

● **材料** 蛋白……2 顆

　　　　砂糖……100g

　　　　竹炭粉……少許

　　　　可可粉……少許

● **準備** 烤箱預熱 90℃。

1 將蛋白和糖放入鍋中，另起一鍋熱水，把蛋白鍋放在熱水鍋上，讓蛋白和糖先隔水加熱一下，稍微攪拌。（約 3～5 分鐘確認糖全部融化即可，但不要過度加熱不然會變成蛋花湯）。

2

用打蛋器或攪拌機打發蛋白，至蛋白霜出現紋路彎勾的狀態。

3

原色蛋白霜裝入三明治袋，袋口剪一平口。

4

在烤盤紙上擠出水滴狀。

5

尾端手的力道放輕，擠出可愛鬼的身體。

6

在身體兩旁擠出兩個小圓當作手。

7

取少許馬林糖霜加入竹炭粉，輕輕混合均勻成黑色馬林糖霜，裝入三明治袋，剪一個很細的小口。

8

擠出可愛鬼的五官。

9 放入預熱 90℃ 的烤箱，烘烤 1 小時。烘烤溫度和時間，請依照個人使用的烤箱不同調整，烤乾至輕輕摸表面不黏手即可。

變化款：熊熊可愛鬼

❶

取少許原色馬林糖霜加入可可粉，輕輕拌勻成咖啡色馬林糖霜，裝入三明治袋，袋口剪一小平口。

❷

用原色馬林糖霜擠出水滴狀。

❸

在可愛鬼的頭部，用咖啡色馬林糖霜擠出一個圓形，是熊熊的臉。

❹

頭部兩側擠出兩個圓形，是熊熊的耳朵。在身體中間擠出兩個小圓，是熊熊的手。

❺

用竹炭粉調成的黑色馬林糖霜，在熊的臉上擠出五官。

❻

放入預熱 90℃ 的烤箱，烘烤 1 小時。烘烤溫度和時間，請依照個人使用的烤箱不同調整，烤乾至輕輕摸表面不黏手即可。

---

memo

① 在調顏色的馬林糖霜時，攪拌用翻拌的方式，並小心不要消泡太多。

② 擠的時候在擠花袋或三明治袋剪一小平口，就可以開始擠造型，不需要特別買擠花嘴。

③ 不介意食用色素的朋友，也可以用食用色素調馬林糖的各種顏色。

④ 馬林糖要確實烤乾，出爐放涼就可以馬上收入保鮮盒密封保存。（不要放涼太久，太久糖會漸漸反潮哦！）

聖誕熊馬林糖

躺在咖啡奶泡上的熊熊也太療癒了！！來杯咖啡，心也暖了。

● **材料** 原味馬林糖霜……適量
覆盆子粉……少許
可可粉……少許
竹炭粉……少許

● **準備** 烤箱預熱 90℃。

1

依照基礎馬林糖的製作方式,打出原味馬林糖霜,裝入三明治袋,剪一小平口。

2

將原味馬林糖霜加入少許可可粉,輕輕攪拌均勻成咖啡色馬林糖霜。粉紅色馬林糖霜則是加少許覆盆子粉調勻,相同方式用竹炭粉做出黑色馬林糖霜,分別裝入三明治袋。

3

在烤盤紙上,用咖啡色馬林糖霜擠一個圓。

4

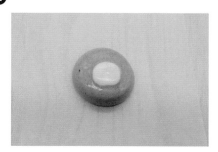

白色馬林糖霜在咖啡色上擠出一個圓。

5

用咖啡色馬林糖在熊的頭上擠兩個圓,是熊熊的耳朵。用黑色馬林糖霜擠出熊的五官。

6

在熊的頭上用粉紅色和白色馬林糖霜擠出聖誕帽。

7

放入預熱90℃的烤箱，烘烤1小時。
烘烤溫度和時間，請依照個人使用的
烤箱不同調整，烤乾至輕輕摸表面不
黏手即可。

memo

① 在調顏色的馬林糖霜時，攪拌用翻拌的方式，並小心不要消泡太多。

② 擠的時候在擠花袋或三明治袋剪一小平口，就可以開始擠造型，不需要特別買擠花嘴。

③ 不介意食用色素的朋友，也可以用食用色素調馬林糖的各種顏色。

④ 馬林糖要確實烤乾，出爐放涼就可以馬上收入保鮮盒密封保存。（不要放涼太久，
太久糖會漸漸反潮哦！）

招財貓馬林糖

過年擠些招財貓馬林糖，招財，招福，招健康。

● **材料** 原味馬林糖霜……適量

竹炭粉……少許

覆盆子粉……少許

南瓜粉……少許

紅色食用色素……少許

● **準備** 烤箱預熱 90℃。

❶

依照基礎馬林糖的製作方式，打出原味馬林糖霜，裝入三明治袋，剪一小平口。

❷

取少許原味馬林糖霜加入竹炭粉，輕輕攪拌均勻成黑色馬林糖霜。其它調色方式相同，取少許馬林糖霜分別加入覆盆子粉，調成粉紅色的馬林糖霜。加入南瓜粉調成黃色馬林糖霜，分別裝入三明治袋。

❸

在烤盤紙上，用白色馬林糖霜擠一個球型，做出招財貓的身體。

❹

在球型上再擠一個小一點的球型，做出招財貓的頭。

❺

在頭上擠出兩個耳朵，以黑色馬林糖霜擠出鼻子。

❻

用牙籤沾取紅色食用色素，在臉上畫出招財貓的嘴。

❼

以黑色馬林糖霜擠出微笑的眼睛，再擠出招財貓的鬍鬚。

❽

以粉紅色的馬林糖霜在兩個球的接縫處，擠出細長條，是招財貓的頸圈。

❾

以粉紅色的馬林糖霜在耳朵內側擠少許馬林糖霜，做出耳朵的顏色。

10

以白色馬林糖霜擠出招財貓的手，一手從身體往上擠到臉部，結尾處往前拉，做出手掌，像是舉手招財握拳狀。另一手從脖子往斜下的身體擠。

11

以黑色的馬林糖霜在手掌部份擠兩條細線，增加手掌的細節。

12

在頸圈的中心處，以黃色的馬林糖霜擠一小圓球，做出鈴鐺。

13

放入預熱 90℃ 的烤箱，烘烤 1 小時。烘烤溫度和時間，請依照個人使用的烤箱不同調整，烤乾至輕輕摸表面不黏手即可。

memo

① 在調顏色的馬林糖霜時，攪拌用翻拌的方式，並小心不要消泡太多。

② 擠的時候在擠花袋或三明治袋剪一小平口，就可以開始擠造型，不需要特別買擠花嘴。

③ 不介意食用色素的朋友，也可以用食用色素調馬林糖的各種顏色。

④ 馬林糖要確實烤乾，出爐放涼就可以馬上收入保鮮盒密封保存。（不要放涼太久，太久糖會漸漸反潮哦！）

狗來福馬林糖

利用一些糖飾，可以增加馬林糖的變化喔！

....

● **材料** 原味馬林糖霜……適量

可可粉……少許

竹炭粉……少許

愛心形狀糖飾……少許

● **準備** 烤箱預熱 90℃。

1

依照基礎馬林糖的製作方式，打出原味馬林糖霜加入可可粉，輕輕攪拌均勻成咖啡色的馬林糖霜，裝入三明治袋，袋口剪一平口。

2

將原味馬林糖霜加入竹炭粉，輕輕攪拌均勻成黑色馬林糖霜，裝入三明治袋，袋口剪一小平口。

3

在烤盤紙上，用咖啡色的馬林糖霜擠一個類似三角飯糰的形狀，做出狗狗的臉。

3

在臉的兩側，由下巴處往頭頂的方形，擠出兩個水滴狀，做出耳朵。

5

在臉的中間擠一圓形，再用黑色馬林糖霜擠出狗的五官。

6

以牙籤沾取黑色的馬林糖霜在臉頰上點出斑點。

7

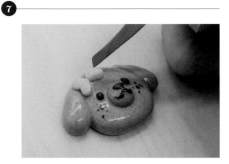

用夾子夾取愛心形狀的糖飾，愛心的
尖端相對，擺在頭上，做出蝴蝶結。

8

放入預熱 90℃ 的烤箱，烘烤 1 小時。
烘烤溫度和時間，請依照個人使用的
烤箱不同調整，烤乾至輕輕摸表面不
黏手即可。

memo

① 在調顏色的馬林糖霜時，攪拌用翻拌的方式，並小心不要消泡太多。

② 擠的時候在擠花袋或三明治袋剪一小平口，就可以開始擠造型，不需要特別買擠花嘴。

③ 不介意食用色素的朋友，也可以用食用色素調馬林糖的各種顏色。

④ 馬林糖要確實烤乾，出爐放涼就可以馬上收入保鮮盒密封保存。（不要放涼太久，
太久糖會漸漸反潮哦！）

用愛烘焙

為什麼今天有一個會烘焙的海頓媽媽，我想很大的一部分要歸功於海頓的阿嬤（我最愛的媽媽）。

因為我唸理工科，我媽可能怕我嫁不出去，常叮嚀：「女生還是要柔一點，你要不要學個畫畫呀什麼的」我心想：我哪有空弄那些呀！而且妳女兒姿色還可以吧。後來生小孩後，由於海頓和我都身體狀況都不佳，心靈更需要舒壓 。加上唸電機系長久下來大都處於邏輯思考的狀態，為了左右腦的平衡，應該替自己培養一點藝術氣息。所以結合了本來就很愛的烘焙，加上藝術與創意，把烘焙當舒壓自療。

在愛心烘焙這方面，海頓阿嬤也影響我很深 。因為阿嬤是一個一直在做volunteer 的人，總是愛心不落人後，所以我能做的就是用烘焙把我的愛傳給各個育幼院或弱勢團體 ，讓孩子們吃到媽媽的味道，安心的手作，外面買不到的點心。

還有一樣影響最大的，就是「烘焙要用愛」。怎麼說呢？我每次做泡芙都沒失敗過，有次我媽請朋友來家裡，說阿姨們指定要吃我做的泡芙，結果那次竟然失敗了！我想半天想不出到底哪裡出錯，明明做過幾百次，泡芙你們為什麼攤平給我看？我媽悠悠地從旁邊晃過去說：「妳沒有用愛吧？」。過五秒，恍然大悟 ！我做泡芙那時真的是剛好心情很差。從此以後我每次烘焙（尤其是泡芙，呵！），我都會特別注意。用愛，用好心情，做出來的食物真的特別美味！

和媽媽隔了幾千哩，每次想說卻都說不出口的，就是謝謝妳和對不起 。謝謝妳 for everything，對不起我們距離好遠無法常見面（然後見面了還免不了鬥嘴 ，這就是母女的日常？）總之，愛你啦！

聖誕熊馬林糖
P.216

滿足館
Appetite

055

海頓媽媽的烘焙實驗廚房

吃過都會敲碗想再吃的小點心 54 道

作　　　者	―	海頓媽媽
食 譜 攝 影	―	海頓媽媽
封 面 攝 影	―	林宗億
妝　　　髮	―	洪淑芬
責 任 編 輯	―	J.J.CHIEN、黃文慧
封 面 設 計	―	Rika Su
內 文 排 版	―	Rika Su
印　　　務	―	黃禮賢、李孟儒
出 版 總 監	―	黃文慧
副 總 編	―	梁淑玲、林麗文
主　　　編	―	蕭歆儀、黃佳燕、賴秉薇
行 銷 總 監	―	祝子慧
行 銷 企 劃	―	林彥伶、朱妍靜

社　　　長	―	郭重興
發 行 人 兼 出 版 總 監	―	曾大福
出　　　版	―	幸福文化出版 / 遠足文化事業股份有限公司
地　　　址	―	231 新北市新店區民權路 108-1 號 8 樓
粉 絲 團	―	www.facebook.com/happinessbookrep
電　　　話	―	(02) 2218-1417
傳　　　眞	―	(02) 2218-8057
發　　　行	―	遠足文化事業股份有限公司
地　　　址	―	231 新北市新店區民權路 108-2 號 9 樓
電　　　話	―	(02) 2218-1417
傳　　　眞	―	(02) 2218-1142
電　　　郵	―	service@bookrep.com.tw
郵 撥 帳 號	―	19504465
客 服 電 話	―	0800-221-029
網　　　址	―	www.bookrep.com.tw
法 律 顧 問	―	華洋法律事務所 蘇文生律師
印　　　刷	―	凱林印刷
初 版 三 刷	―	西元 2020 年 6 月
定　　　價	―	420 元

海頓媽媽的烘焙實驗廚房：吃過都會敲碗想再吃的小點心 54
道 / 海頓媽媽著 . -- 初版 . -- 新北市：幸福文化，遠足文化，
2020.05　面；　公分

ISBN 978-957-8683-95-2(平裝)

1.點心食譜

427.16　　　　　109005281

幸福
文化

23141 新北市新店區民權路 108-2 號 9 樓

遠足文化事業股份有限公司 收

······ 請沿此虛線對折黏貼後，直接投入郵筒寄回 ······

─── 寄回函抽好禮 ───

請詳填本書回函卡並寄回，就有機
會抽中日本品牌 Bruno 人氣商品！

BRUNO 多功能電烤盤 + 杯子
蛋糕烤盤，市價 4280 元／組
※5 個名額

活動期間　即日起至 2020 年 7 月 31 日
　　　　　止（以郵戳為憑）

BRUNO 熱壓三明治鬆餅機，
市價 1980 元
※15 個名額

得獎公布　2020 年 8 月 10 日公布於「幸
　　　　　福文化臉書粉絲專頁」

1. 本活動由幸福文化主辦，幸福文化保有修改與變更活動之權利。　2. 本獎品寄送僅限台、澎、金、馬地區。

滿足館 Appetite
055

海頓媽媽的烘焙實驗廚房
吃過都會敲碗想再吃的小點心 54 道

作　　　者 — 海頓媽媽
食譜攝影 — 海頓媽媽
封面攝影 — 林宗億
妝　　　髮 — 洪淑芬
責任編輯 — J.J.CHIEN、黃文慧
封面設計 — Rika Su
內文排版 — Rika Su
印　　　務 — 黃禮賢、李孟儒
出版總監 — 黃文慧
副　總　編 — 梁淑玲、林麗文
主　　　編 — 蕭歆儀、黃佳燕、賴秉薇
行銷總監 — 祝子慧
行銷企劃 — 林彥伶、朱妍靜

社　　　長 — 郭重興
發行人兼 — 曾大福
出版總監
出　　　版 — 幸福文化出版／遠足文化事業股份有限公司
地　　　址 — 231 新北市新店區民權路 108-1 號 8 樓
粉　絲　團 — www.facebook.com/happinessbookrep
電　　　話 — (02)2218-1417
傳　　　眞 — (02)2218-8057
發　　　行 — 遠足文化事業股份有限公司
地　　　址 — 231 新北市新店區民權路 108-2 號 9 樓
電　　　話 — (02)2218-1417
傳　　　眞 — (02)2218-1142
電　　　郵 — service@bookrep.com.tw
郵撥帳號 — 19504465
客服電話 — 0800-221-029
網　　　址 — www.bookrep.com.tw
法律顧問 — 華洋法律事務所 蘇文生律師
印　　　刷 — 凱林印刷
初版四刷 — 西元 2020 年 6 月
定　　　價 — 420 元

海頓媽媽的烘焙實驗廚房：吃過都會敲碗想再吃的小點心 54
道 / 海頓媽媽著 . -- 初版 . -- 新北市：幸福文化，遠足文化，
2020.05　面；　公分
ISBN 978-957-8683-95-2(平裝)

1.點心食譜

427.16　　　　　109005281

幸福文化